JN109085

	9	10	11	12	13	14	15	16	17	18

| | | | | | | | | | | 2He
ヘリウム
4.003 |

元素（非金属元素）　△固体

元素（金属元素）　△液体

元素（金属元素）　△気体

（常温・常圧にお
ける単体の状態）

5B ホウ素 10.81	6C 炭素 12.01	7N 窒素 14.01	8O 酸素 16.00	9F フッ素 19.00	10Ne ネオン 20.18
13Al アルミニウム 26.98	14Si ケイ素 28.09	15P リン 30.97	16S 硫黄 32.07	17Cl 塩素 35.45	18Ar アルゴン 39.95

27Co コバルト 58.93	28Ni ニッケル 58.69	29Cu 銅 63.55	30Zn 亜鉛 65.38	31Ga ガリウム 69.72	32Ge ゲルマニウム 72.63	33As ヒ素 74.92	34Se セレン 78.97	35Br 臭素 79.90	36Kr クリプトン 83.80
45Rh ロジウム 102.9	46Pd パラジウム 106.4	47Ag 銀 107.9	48Cd カドミウム 112.4	49In インジウム 114.8	50Sn スズ 118.7	51Sb アンチモン 121.8	52Te テルル 127.6	53I ヨウ素 126.9	54Xe キセノン 131.3
77Ir イリジウム 192.2	78Pt 白金 195.1	79Au 金 197.0	80Hg 水銀 200.6	81Tl タリウム 204.4	82Pb 鉛 207.2	83Bi ビスマス 209.0	84Po ポロニウム ―	85At アスタチン ―	86Rn ラドン ―
109Mt マイトネリウム ―	110Ds ダームスタチウム ―	111Rg レントゲニウム ―	112Cn コペルニシウム ―	113Nh ニホニウム ―	114Fl フレロビウム ―	115Mc モスコビウム ―	116Lv リバモリウム ―	117Ts テネシン ―	118Og オガネソン ―

63Eu ユウロピウム 152.0	64Gd ガドリニウム 157.3	65Tb テルビウム 158.9	66Dy ジスプロシウム 162.5	67Ho ホルミウム 164.9	68Er エルビウム 167.3	69Tm ツリウム 168.9	70Yb イッテルビウム 173.0	71Lu ルテチウム 175.0
95Am アメリシウム	96Cm キュリウム	97Bk バークリウム	98Cf カリホルニウム	99Es アインスタイニウム	100Fm フェルミウム	101Md メンデレビウム	102No ノーベリウム	103Lr ローレンシウム

原子量をもとに，日本化学会原子量専門委員会で作成されたものである。ただし，元素の原子量が確定できないものは―で示した。

本書の構成と利用法

　本書は，高等学校「化学」の書き込み式の問題集として，高校化学の知識を体系的に理解するとともに，問題解決の技法を確実に体得できるよう，特に留意して編集してあります。

　本書を日常の授業時間に教科書と併用することによって，学習効果を一層高めることができます。また，大学入試の足がかりとなる，着実な学力を養うための演習書としても活用できます。

　知識・技能を問う問題には 知識 ，思考力・判断力・表現力を要する問題には 思考 ，発展的な内容を含む問題には 発展 を付しています。

 まとめ　重要事項を図や表を用いて，わかりやすく整理したほか，用語の定義などの基礎的事項を空所補充形式で定着できるようにしました。

▼

 ドリル　基本的な計算問題など，反復練習の必要な学習内容を含む節に設けました。解答は別冊解答編に掲載しています。　　　　　　　　　　　　（8題）

▼

 基本例題　基本的な問題を取り上げ，「考え方」「解答」を丁寧に示しました。どの問題に関連するものかを明示し，学習しやすくしました（第Ⅰ章と第Ⅱ章に設置）。　（18題）

▼

 基本問題　授業で学習した事項の理解と定着に効果のある基本的な問題を取り上げました。すべて創作問題で構成しました。　　　　　　　　　　　（232題）

▼

 標準問題　基本問題よりもやや難易度の高い問題を取り上げました。基本問題で習得した学習内容の確認にも使用できます。　　　　　　　　　　　（37題）

▼

 章末問題　思考力・判断力・表現力を特に要する問題を厳選して取り上げています。　　（27題）

▼

解答　別冊解答編を用意し，すべての問題に詳しい「解説」を記しています。

本書における有効数字の取り扱い

・問題文で与えられた場合を除き，原子量概数は有効数字として取り扱わない。
・途中計算の数値は，有効数字よりも1桁多く取り，数値を求める際には，最後の桁の数値を切り捨てている。
　例　有効数字2桁の場合の途中計算の数値　$2.0 \div 3.0 = 0.6666 \cdots = 0.666$　（0.667としない）

CONTENTS

■ 学習支援サイト「プラスウェブ」のご案内

スマートフォンやタブレット端末などを使用して，「大学入試問題の分析と対策」を閲覧
することができます。また，基本例題の解説動画を視聴することができます。

https://dg-w.jp/b/2c10001

[注意] コンテンツの利用に際しては，一般に，通信料が発生します。

1 | 物質の三態と状態変化

■1 状態変化と熱量

一定圧力のもとで，熱を加えていくと，状態変化がおこる。

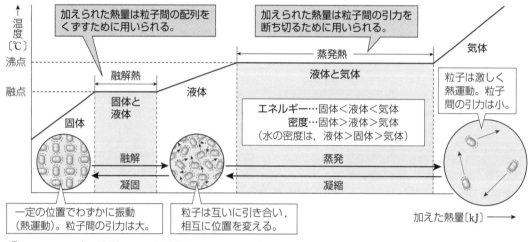

加えられた熱量は粒子間の配列をくずすために用いられる。

加えられた熱量は粒子間の引力を断ち切るために用いられる。

エネルギー…固体＜液体＜気体
密度…固体＞液体＞気体
（水の密度は，液体＞固体＞気体）

粒子は激しく熱運動。粒子間の引力は小。

一定の位置でわずかに振動（熱運動）。粒子間の引力は大。

粒子は互いに引き合い，相互に位置を変える。

(ア 　　　　　)…物質 1 mol が融解するときに吸収する熱量。〈例〉水：6.0 kJ/mol（0 ℃）

(イ 　　　　　)…物質 1 mol が蒸発するときに吸収する熱量。〈例〉水：41 kJ/mol（100℃）

● 比熱が c〔J/(g・℃)〕の物質 m〔g〕に一定の熱量を加えて温度が t〔℃〕変化したとき，加えた熱量 q〔J〕は次式で求められる。　　$q=($ウ 　　　　　$)$

■2 気体分子の熱運動と圧力

❶熱運動のエネルギー　同じ温度でも，気体分子の速さには分布がある。高温ほど，速い分子の割合が大きく，エネルギーは大きい。分子量が小さい気体ほど，平均の速さは(エ 　　　　　)。

❷気体の圧力　分子が容器に衝突して単位面積あたりにおよぼす力。

$$1.013\times10^5\,\mathrm{Pa}=1013\,\mathrm{hPa}=760\,\mathrm{mmHg}=1\,\mathrm{atm}$$

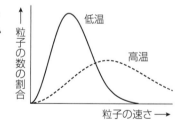

低温

高温

粒子の数の割合

粒子の速さ →

■3 飽和蒸気圧と蒸気圧曲線

❶気液平衡と飽和蒸気圧

(a) (オ 　　　　　　　)…容器内で，蒸発する分子の数と凝縮する分子の数が等しくなり，見かけ上変化がおこらなくなった状態。

(b) (カ 　　　　　　　)…気液平衡に達しているとき，蒸気が示す圧力（単に蒸気圧ともいう）。蒸気圧は，温度が一定であれば，容器の体積に関係なく，一定の値を示す。

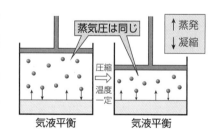

蒸気圧は同じ

↑蒸発　↓凝縮

圧縮 ⇒ 温度一定

気液平衡　　気液平衡

解答
(ア) 融解熱　(イ) 蒸発熱　(ウ) mct　(エ) 大きい　(オ) 気液平衡　(カ) 飽和蒸気圧

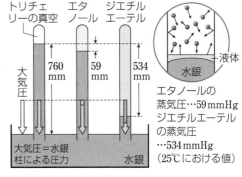

❷飽和蒸気圧の測定　水銀柱の下端から適量の液体を入れると，その液体の蒸気圧の分だけ水銀柱が(ᵏ　　　　)なる。

エタノールの蒸気圧…59 mmHg
ジエチルエーテルの蒸気圧…534 mmHg
(25℃における値)

❸沸騰と蒸気圧曲線

(a) (ᵏ　　　　)…蒸気圧が外圧(大気圧)と等しいとき，液体の内部で気泡が形成され，液面が激しく泡立つ現象。沸騰する温度が(ᵏ　　　　)である。

(b) (ᵏ　　　　)曲線…温度と飽和蒸気圧の関係を示す曲線。

　①温度が高いほど蒸気圧は大きくなる。

　②外圧を大きくすると，沸騰する温度は高くなる。一方，外圧を小さくすると，沸騰する温度は(ᵏ　　　　)なる。

　③分子間力が大きい物質は蒸気圧が小さく，沸点が(ᵏ　　　　)。

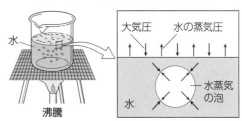

沸騰

4 物質の状態図

(ˢ　　　　)…温度・圧力に応じて，物質が三態のうち，どの状態をとるかを示す図。

(ˢᵉ　　　　)…固体，液体，気体の状態が共存する点。

(ˢᵒ　　　　)…液体と気体が区別できなくなる点。

融解曲線…状態図における固体と液体の境界線。この曲線上の温度・圧力では，固体と液体が共存する。

昇華圧曲線…状態図における固体と気体の境界線。この曲線上の温度・圧力では，固体と気体が共存する。

蒸気圧曲線…状態図における液体と気体の境界線。この曲線上の温度・圧力では，液体と気体が存在する。

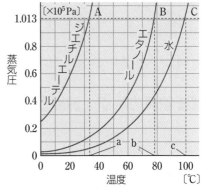

a, b, c は各物質の沸点(1.013×10⁵Pa)
同温での蒸気圧　：A>B>C
沸点　　　　　　：A<B<C
分子間力の大きさ：A<B<C

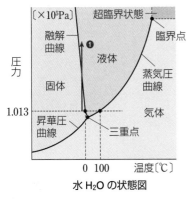

水 H₂O の状態図

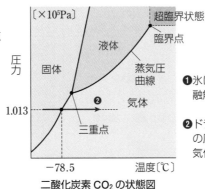

二酸化炭素 CO₂ の状態図

❶氷に圧力を加えると，融解して水になる。

❷ドライアイスは通常の圧力では昇華して気体になる。

解答
(キ) 低く　(ク) 沸騰　(ケ) 沸点　(コ) 蒸気圧　(サ) 低く　(シ) 高い　(ス) 状態図　(セ) 三重点　(ソ) 臨界点

5 分子間力

分子間に働く弱い引力や相互作用を(タ　　　　　　)という。

(a) (チ　　　　　　　　)力…すべての分子間に働く弱い引力。分子量が大きいほど強く作用する。

(b) 極性分子間に働く静電気的な引力…ファンデルワールス力よりも強い。ファンデルワールス力に分類されることもある。

(c) (ツ　　　　　)結合…電気陰性度の大きいF, O, Nの原子間に水素原子が介在し, 静電気的な引力によって生じる結合。分子間力の中で最も強い。

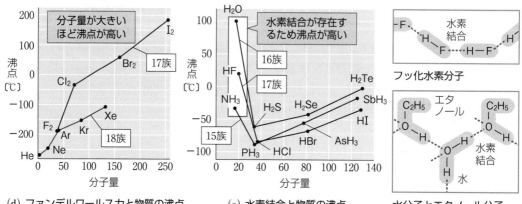

(d) ファンデルワールス力と物質の沸点　　(e) 水素結合と物質の沸点　　フッ化水素分子　水分子とエタノール分子

6 物質の融点・沸点と化学結合

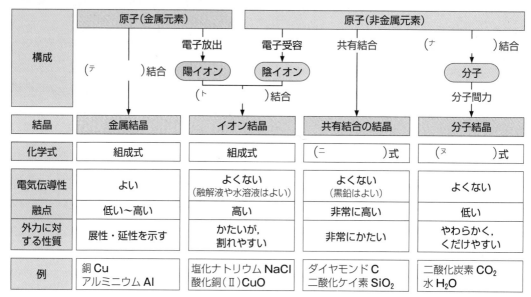

	金属結晶	イオン結晶	共有結合の結晶	分子結晶
化学式	組成式	組成式	(ニ　　　)式	(ヌ　　　)式
電気伝導性	よい	よくない (融解液や水溶液はよい)	よくない (黒鉛はよい)	よくない
融点	低い～高い	高い	非常に高い	低い
外力に対する性質	展性・延性を示す	かたいが, 割れやすい	非常にかたい	やわらかく, くだけやすい
例	銅 Cu アルミニウム Al	塩化ナトリウム NaCl 酸化銅(Ⅱ)CuO	ダイヤモンド C 二酸化ケイ素 SiO_2	二酸化炭素 CO_2 水 H_2O

注 ❶結合力の強さ
共有結合, イオン結合, 金属結合≫水素結合>極性分子間に働く引力>ファンデルワールス力
❷一般に, 結合力が強いほど, 結晶はかたく, 融点・沸点も高くなる。

解答
(タ) 分子間力　(チ) ファンデルワールス　(ツ) 水素　(テ) 金属　(ト) イオン　(ナ) 共有　(ニ) 組成　(ヌ) 分子

基本問題

[思考]

1. 三態間の変化●次の各記述に最も関係の深い状態変化の名称を答えよ。

(1) 戸外に干しておいた洗濯物が乾いた。

(2) アイスクリームの箱の中に入れておいたドライアイスがなくなった。

(3) 熱いお茶を飲もうとしたら，眼鏡が曇った。

(4) 冷蔵庫の製氷皿にぬれた指で触れるとくっついた。

(1)

(2)

(3)

(4)

基本例題1　三態変化とエネルギー　　　　　　　　　　　　　　　　　　➡問題2・3

図は，$1.013×10^5$ Pa のもとで 36 g の氷を一様に加熱したときの時間と温度の関係を示したものである。ただし，氷(水)の融解熱は6.0 kJ/mol，水の比熱は4.2J/(g・℃)とする。

(1) 図中のcにおける水の状態を答えよ。

(2) t_1，t_2の温度は，それぞれ何とよばれるか。

(3) aで加えられた熱量は何 kJ か。

(4) bで加えられた熱量は何 kJ か。

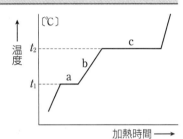

■ 考え方

a では氷の融解，c では水の蒸発がおこっている。水が状態変化している間は，加えられた熱量のすべてが状態変化に用いられるため，温度は一定に保たれる。

(3) 氷の融解熱が6.0kJ/molなので，氷1mol(18g)の融解には6.0kJの熱量が必要である。

(4) 必要な熱量 q〔J〕は，次式で求められる。
　q〔J〕＝質量 m〔g〕×比熱 c〔J/(g・℃)〕×温度変化 t〔℃〕

■ 解答

(1) **液体と気体が共存**

(2) t_1：**融点**，t_2：**沸点**

(3) 水 H_2O のモル質量は 18g/mol なので，氷(水)36 g

　は $\dfrac{36\,\text{g}}{18\,\text{g/mol}}＝2.0\,\text{mol}$ である。したがって，

　　$6.0\,\text{kJ/mol}×2.0\,\text{mol}＝\mathbf{12\,kJ}$

(4) $q＝36\,\text{g}×4.2\,\text{J/(g・℃)}×100\,℃＝15120\,\text{J}＝\mathbf{15\,kJ}$

[思考]

2. 状態変化とエネルギー●図は，ある物質を $1.013×10^5$ Pa のもとで加熱したときの，加えた熱量と温度の関係を示したものである。

(1) AB 間，BC 間および CD 間では，この物質はそれぞれどのような状態で存在するか。

(2) 温度 T_1，T_2 をそれぞれ何というか。

(3) AB 間で温度が上昇していないのはなぜか。

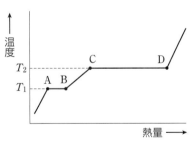

(1)AB 間：

　　BC 間：

　　CD 間：

(2)T_1：　　　　T_2：

(4) この物質の質量および体積は，C 点と D 点ではそれぞれどちらが大きいか。

(4)質量：　　　体積：

知識

3. 融解熱・蒸発熱 ● 0℃の氷(水)180 g をすべて100℃の水蒸気にするのに必要な熱量は何 kJ か。ただし，この操作は $1.013×10^5$ Pa のもとで行い，水の比熱を 4.2 J/(g・℃)，融解熱を 6.0 kJ/mol，蒸発熱を 41 kJ/mol とする。

_____

思考

4. 気体分子の熱運動と圧力 ● 次の記述のうちから，誤りを含むものを 2 つ選べ。

（ア）気体分子の熱運動は，温度が高いほど激しく，エネルギーが大きい。

（イ）ある温度における気体分子の速さには分布がある。

（ウ）He, Ne, O_2 のうち，同じ温度で平均の速さが最も大きいのは O_2 である。

（エ）気体の圧力は，単位面積あたりに衝突する分子の数が多いほど大きい。

（オ）気体の圧力は，温度が高いほど小さい。

_____

思考

5. 飽和蒸気圧 ● 水蒸気で飽和した容器（状態 A）がある。温度を変えずに，ピストンを押し下げて容器の内容積を半分にして十分な時間放置した（状態 B）。この実験に関する記述として正しいものを 2 つ選べ。

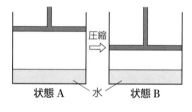

状態 A　水　状態 B

（ア）A，B とも，蒸発も凝縮もおこっていない。

（イ）A，B とも，単位時間に蒸発する分子の数と凝縮する分子の数が等しくなっている。

（ウ）B の蒸気圧は，A の蒸気圧の 2 倍になっている。

（エ）A，B とも同じ蒸気圧を示す。

_____

知識

6. 水銀柱と蒸気圧 ● 次の文を読み，下の各問いに答えよ。

約 1 m の長さの一方を閉じたガラス管 3 本に水銀を満たし，これを水銀中に倒立させ，室温で放置した。はじめ，a〜c では水銀柱の高さが 760 mm であったが，b には下部から物質 B を，c には物質 C をそれぞれ適量入れると，気液平衡の状態に達し，水銀柱は図のような高さになった。

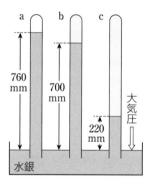

(1) _____

(2) B：_____

　　 C：_____

(3) _____

（1）大気圧は水銀柱で何 mm に相当するか。

（2）物質 B，C の飽和蒸気圧はそれぞれ何 mmHg か。

（3）物質 B，C では，分子間力はどちらが大きいか。

思考

7. 蒸気圧曲線●図は，物質A～Cの蒸気圧曲線である。これをもとにして，次の各問いに答えよ。

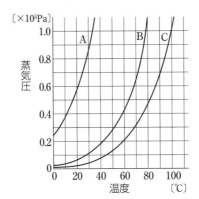

(1) 最も沸点の高い物質はA～Cのうちどれか。

(2) 分子間力が最も強い物質はA～Cのうちどれか。

(3) 外圧が0.8×10^5Paのとき，Bは何℃で沸騰するか。

(4) Cを80℃で沸騰させるには，外圧を何Paにすればよいか。

(5) 20℃で，1.013×10^5Paから圧力を下げていったとき，最初に沸騰する物質はA～Cのうちどれか。

(1) _____
(2) _____
(3) _____
(4) _____
(5) _____

知識

8. 水素化合物の沸点●14～17族元素の水素化合物の沸点と分子量の関係を図に示した。次の(1)，(2)の理由として最も関係が深いと考えられるものを，下の①～⑤からそれぞれ選べ。

(1) 14族では，分子量が大きくなると水素化合物の沸点が高くなる。

(2) 15～17族では，分子量が最も小さい水素化合物の沸点が他の同族の水素化合物よりも著しく高い。

① 金属結合　② 共有結合　③ イオン結合
④ 水素結合　⑤ ファンデルワールス力

(1) _____
(2) _____

思考

9. 分子と沸点の高低●次の(1)～(3)の各物質の組み合わせのうち，融点・沸点が最も高いと考えられる物質の化学式をそれぞれ示せ。また，その理由を(ア)～(ウ)から選べ。

(1) H_2, N_2, F_2

(2) CH_4, SiH_4, H_2S

(3) H_2O, H_2S, HCl

[理由]　(ア) 極性がある
　　　　(イ) 分子量が大きい
　　　　(ウ) 水素結合を形成する

(1) _____ 理由：____
(2) _____ 理由：____
(3) _____ 理由：____

10. 知識 **分子結晶と共有結合の結晶**◉次に示す物質の結晶について，下の各問いに答えよ。

(ア) 塩化ナトリウム　　(イ) 銅　　　　(ウ) 二酸化ケイ素

(エ) 二酸化炭素　　　　(オ) アンモニア　(カ) 塩化アンモニウム

(キ) エタノール　　　　(ク) ヨウ素

(1) 分子結晶をすべて選び，記号で示せ。

(2) 水素結合を形成している分子結晶を2つ選び，記号で示せ。

(3) 共有結合の結晶を選び，記号で示せ。

(1) _____

(2) _____

(3) _____

11. 知識 **結晶の分類**◉次の記述に該当するものを各群からそれぞれ選び，記号で答えよ。

(1) 原子が自由電子を共有してできる結晶。展性や延性に富む。

(2) 分子が規則正しく並んだ結晶。融点が低く，昇華しやすい。

(3) 粒子が静電気的に引き合ってできる結晶。融解液や水溶液は電気を導く。

(4) 巨大な分子ともみなすことができる結晶。極めてかたく，融点が非常に高い。

A群：(ア) 共有結合の結晶　　　(イ) 金属結晶
　　　(ウ) 分子結晶　　　　　(エ) イオン結晶

B群：(a) ダイヤモンド　(b) 金　(c) 硝酸カリウム
　　　(d) ドライアイス

(1) A：　　　　B：

(2) A：　　　　B：

(3) A：　　　　B：

(4) A：　　　　B：

12. 思考 **二酸化炭素の状態図**◆図は，二酸化炭素の状態図を模式的に示したものである。次の各問いに答えよ。

(1) 領域Ⅰ，Ⅱ，Ⅲでは，二酸化炭素はそれぞれどのような状態にあるか。

(2) 1.013×10^5 Pa を表す線は，図中の(ア)～(ウ)のどれに相当するか。

(3) 状態図から，一定温度で液体に圧力を加えると，状態はどのように変化することがわかるか。

(4) 点A，Bの名称はそれぞれ何か。

(5) 点Bよりも温度・圧力の高い状態は何とよばれるか。

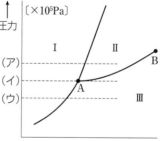

(1) Ⅰ _____

　　Ⅱ _____

　　Ⅲ _____

(2) _____

(3) _____

(4) A _____

　　B _____

(5) _____

2 | 気体の性質

1 気体の法則

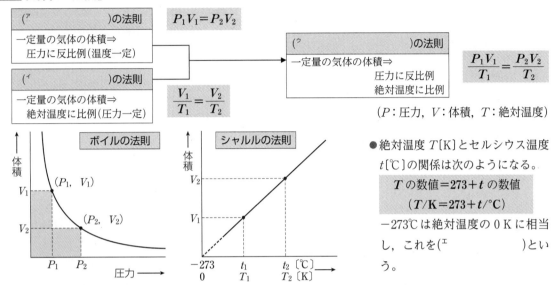

(ア　　　　　　　)の法則

$P_1 V_1 = P_2 V_2$

一定量の気体の体積⇒
圧力に反比例(温度一定)

(イ　　　　　　　)の法則

$\dfrac{V_1}{T_1} = \dfrac{V_2}{T_2}$

一定量の気体の体積⇒
絶対温度に比例(圧力一定)

(ウ　　　　　　　　　　　)の法則

一定量の気体の体積⇒
圧力に反比例
絶対温度に比例

$\dfrac{P_1 V_1}{T_1} = \dfrac{P_2 V_2}{T_2}$

(P：圧力，V：体積，T：絶対温度)

ボイルの法則

シャルルの法則

●絶対温度 $T[\mathrm{K}]$ とセルシウス温度 $t[℃]$ の関係は次のようになる。

T の数値 $= 273 + t$ の数値
($T/\mathrm{K} = 273 + t/℃$)

$-273℃$ は絶対温度の $0\,\mathrm{K}$ に相当し，これを(エ　　　　　)という。

2 気体の状態方程式

❶気体の状態方程式と気体定数　$n[\mathrm{mol}]$ の気体が，$P[\mathrm{Pa}]$，$T[\mathrm{K}]$ のもとで $V[\mathrm{L}]$ を占めるとき，次の関係が成立する。この式を(オ　　　　　　　　　　　　)という。

$$PV = nRT \quad (R：気体定数)$$

$R = 8.3 \times 10^3\,\mathrm{Pa \cdot L/(K \cdot mol)} = 8.3\,\mathrm{J/(K \cdot mol)}$

❷気体の状態方程式と分子量　モル質量 $M[\mathrm{g/mol}]$ の気体 $w[\mathrm{g}]$ の物質量 $n[\mathrm{mol}]$ は，$n = \dfrac{w}{M}$ となる。また，気体の密度 $d[\mathrm{g/L}]$ は，$d = \dfrac{w}{V}$ である。

$$PV = \dfrac{w}{M}RT \quad または \quad M = \dfrac{wRT}{PV}, \quad M = \dfrac{dRT}{P}$$

3 混合気体

❶全圧と分圧　混合気体の示す圧力を(カ　　　　　　)，各成分気体の示す圧力を(キ　　　　　　)という。分圧は，各成分気体が単独で混合気体と同じ体積を占めるときの圧力である。

気体	物質量[mol]	圧力[Pa]	気体の状態方程式
気体A	n_A	分圧 p_A	$p_A V = n_A RT$
気体B	n_B	分圧 p_B	$p_B V = n_B RT$
混合気体	$n_A + n_B$	全圧 P	$PV = (n_A + n_B)RT$

分圧＝全圧×モル分率

$p_A = P \times \underbrace{\dfrac{n_A}{n_A + n_B}}_{モル分率}$　$p_B = P \times \underbrace{\dfrac{n_B}{n_A + n_B}}_{モル分率}$

注　混合気体の全物質量に対する各成分気体の物質量の割合を(ク　　　　　　)という。同温・同圧では，物質量の比＝体積の比なので，モル分率＝各成分気体の体積の割合(体積分率)になる。

解答
(ア) ボイル　(イ) シャルル　(ウ) ボイル・シャルル　(エ) 絶対零度　(オ) 気体の状態方程式　(カ) 全圧　(キ) 分圧
(ク) モル分率

❷ドルトンの分圧の法則 混合気体の全圧は，各成分気体の(^{ケ} 　　　　　)の和に等しい。

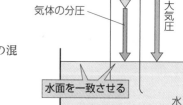

水蒸気圧
気体の分圧
大気圧
水面を一致させる
水

$$P = p_A + p_B + \cdots\cdots \quad (P：全圧，\ p_A,\ p_B\cdots：分圧)$$

❸水上置換と分圧 水上置換で捕集した気体は，(^{コ} 　　　　　)との混合気体になっている。

$$大気圧〔Pa〕＝気体の分圧〔Pa〕＋水蒸気圧〔Pa〕$$

注 水面を一致させないと，水柱による圧力の補正をしなければならなくなる。

❹平均分子量（見かけの分子量） 各成分気体の分子量×(^{サ} 　　　　　)の和で求められる。

$$平均分子量 \ \overline{M} = M_A \times \frac{n_A}{n_A + n_B} + M_B \times \frac{n_B}{n_A + n_B} \quad \begin{bmatrix} M_A：A \ の分子量，\ n_A：A \ の物質量 \\ M_B：B \ の分子量，\ n_B：B \ の物質量 \end{bmatrix}$$

〈例〉 窒素（分子量28）と酸素（分子量32）が4：1の物質量の比で混合した気体

　　　混合気体の平均分子量 $\overline{M} = 28 \times \dfrac{4}{5} + 32 \times \dfrac{1}{5} = 28.8$

4 理想気体と実在気体

❶理想気体 分子間力が働かず，分子の体積を0と仮定した気体。(^{シ} 　　　　　　　　　)が完全に成り立つ。

❷実在気体 分子間力が働き，分子自身に体積があるため，気体の状態方程式が完全には成立しない。

⇨高温・(^{ス} 　　　)圧では，分子間力や分子自身の(^{セ} 　　　)の影響が無視でき，気体の状態方程式が適用できる。

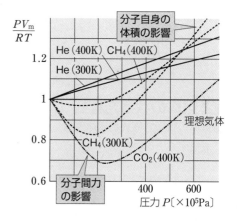

$\dfrac{PV_m}{RT}$

分子自身の体積の影響

He(400K) CH₄(400K)
He(300K)
1.2
1
理想気体
0.8
CH₄(300K)
CO₂(400K)
0.6
分子間力の影響
400　600
圧力 $P〔\times 10^5 Pa〕$

5 実在気体の状態変化と圧力・体積

実在気体では(^{ソ} 　　　　　)がおこるため，理想気体とは異なったふるまいをする。

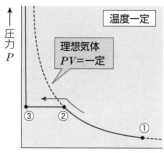

温度一定

圧力 P

理想気体
$PV = 一定$

③　②　①

体積 $V \rightarrow$

①から体積を小さくしていくと圧力は大きくなり，②で飽和蒸気圧に達し，凝縮がはじまる。③ですべて液体になる。

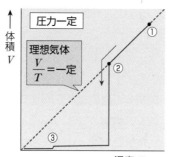

圧力一定

体積 V

理想気体
$\dfrac{V}{T} = 一定$

①
②
③

温度 $T \rightarrow$

①から温度を下げていくと，②で飽和蒸気圧に達して凝縮しはじめ，体積が減少する。③で凝固がはじまる。

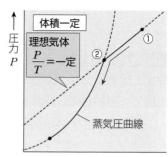

体積一定

圧力 P

理想気体
$\dfrac{P}{T} = 一定$

①
②

蒸気圧曲線

温度 $T \rightarrow$

①から温度を下げていくと，②で飽和蒸気圧に達し，その後は蒸気圧曲線にしたがって圧力が小さくなる。

解答
（ケ）分圧 （コ）水蒸気 （サ）モル分率 （シ）気体の状態方程式 （ス）低 （セ）体積 （ソ）状態変化

ドリル 次の各問いに答えよ。

A 次の(1)〜(3)を絶対温度[K]，(4)〜(6)をセルシウス温度[℃]にそれぞれ変換せよ。

(1)　0℃

(2)　−20℃

(3)　127℃

(4)　273K

(5)　153K

(6)　300K

A (1)

(2)

(3)

(4)

(5)

(6)

B $1.0×10^5$ Pa で 50L の気体を，同温で $2.0×10^5$ Pa にすると，体積は何Lになるか。

B

C 圧力一定において，300K で 10L の気体を 600K にすると，体積は何Lになるか。

C

D 一定質量の気体について，圧力 P を $\frac{1}{2}$ 倍，絶対温度 T を 2 倍にすると，気体の体積はもとの体積の何倍になるか。

D

|基|本|問|題|

基本例題2　ボイル・シャルルの法則　　　　　　　　➡問題 13・14・15

(1)　27℃，$2.00×10^5$ Pa で 600mL の気体(状態A)を，0℃，$1.00×10^5$ Pa にすると，体積は何Lになるか。

(2)　(1)の状態Aの気体を，体積を変えずに $3.00×10^5$ Pa にするには温度を何℃にすればよいか。

■考え方

いずれもボイル・シャルルの法則を用いる。

$$\frac{P_1V_1}{T_1}=\frac{P_2V_2}{T_2}$$

温度には絶対温度を用いる。

T[K]の値＝273＋t[℃]の値

圧力と体積は両辺でそれぞれ単位をそろえる。

■解答

(1)　600mL＝0.600L なので，

$$V_2=\frac{P_1V_1T_2}{T_1P_2}=\frac{2.00×10^5\,\mathrm{Pa}×0.600\,\mathrm{L}×273\,\mathrm{K}}{(273+27)\,\mathrm{K}×1.00×10^5\,\mathrm{Pa}}=\mathbf{1.09\,L}$$

(2)　体積が一定なので，$V_1＝V_2$ である。

$$T_2=\frac{T_1P_2V_2}{P_1V_1}=\frac{T_1P_2}{P_1}=\frac{(273+27)\,\mathrm{K}×3.00×10^5\,\mathrm{Pa}}{2.00×10^5\,\mathrm{Pa}}=450\,\mathrm{K}$$

$$450−273＝177$$

したがって，**177℃**である。

知識

13. ボイルの法則・シャルルの法則●次の各問いに答えよ。

(1) $1.0×10^5$Pa, 5.0L の気体は，同じ温度で，$2.0×10^5$Pa では何 L になるか。

(2) $3.0×10^5$Pa, 4.0L の気体は，同じ温度で，6.0L では何 Pa になるか。

(3) 27℃, 12L の気体は，同じ圧力で，127℃では何 L になるか。

(4) 27℃, 15 L の気体を，同じ圧力で，10 L にするには，何℃にすればよいか。

(1) _____

(2) _____

(3) _____

(4) _____

思考

14. 気体の体積変化●図は，P_1[Pa] および P_2[Pa]の圧力下で，一定質量の気体の体積と温度の関係を示したものである。次の各問いに答えよ。

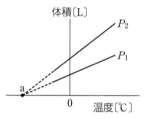

(1) この図は，何という法則を示したものか。

(2) P_1 と P_2 ではどちらが高圧か。

(3) a 点の温度は何℃か。

(4) $1.013×10^5$Pa, t℃での気体の体積を V[L]とすると，0℃，$1.013×10^5$Pa での体積 V_0[L]はどうなるか。t, V を用いて表せ。ただし，t は数値である。

(1) _____

(2) _____

(3) _____

(4) _____

知識

15. ボイル・シャルルの法則●次の各問いに答えよ。

760mmHg＝$1.0×10^5$Pa とする。

(1) 27℃, 150mL で $1.0×10^5$Pa の気体は，77℃, 250mL では何 Pa になるか。

(2) 27℃, 500mL で $2.5×10^5$Pa の気体は，123℃, $5.0×10^5$Pa では何 L になるか。

(3) 27℃, 600mL で 3800mmHg の気体は，何 K にすれば 1.2L，$2.0×10^5$Pa になるか。

(1) _____

(2) _____

(3) _____

基本例題3 　気体の状態方程式　　　　　　　⇒問題16・17

(1) 酸素 0.32 g を，27℃で 500 mL の容器に入れた。この容器内の圧力は何 Pa か。

(2) ある気体は，27℃，3.0×10^4 Pa において，密度が 0.53 g/L であった。この気体の分子量はいくらか。

考え方

気体の状態方程式 $PV = nRT$ を用いる。

(1) 気体の状態方程式を変形すると，

$P = \dfrac{nRT}{V}$ が得られる。

(2) モル質量を M〔g/mol〕，質量を w〔g〕とすると，気体の状態方程式は，

$$PV = \dfrac{w}{M}RT \qquad M = \dfrac{wRT}{PV}$$

密度を d〔g/L〕とすると，$d = \dfrac{w}{V}$ から，次のように変形できる。

$$M = \dfrac{wRT}{PV} = \dfrac{w}{V} \times \dfrac{RT}{P} = \dfrac{dRT}{P}$$

解答

(1) 酸素のモル質量は 32 g/mol なので，

$$P = \dfrac{nRT}{V}$$

$$= \dfrac{\dfrac{0.32}{32}\,\text{mol} \times 8.3 \times 10^3\,\text{Pa·L/(K·mol)} \times (273+27)\,\text{K}}{0.500\,\text{L}}$$

$$= \mathbf{5.0 \times 10^4\,Pa}$$

(2) $M = \dfrac{dRT}{P}$

$$= \dfrac{0.53\,\text{g/L} \times 8.3 \times 10^3\,\text{Pa·L/(K·mol)} \times (273+27)\,\text{K}}{3.0 \times 10^4\,\text{Pa}}$$

$$= 44\,\text{g/mol}$$

したがって，分子量は**44**である。

[知識]

16. 気体の状態方程式●次の各問いに答えよ。

(1) 27℃，3.0×10^5 Pa で，5.0 L の体積を占める水素は何 mol か。　　(1)＿＿＿＿＿

(2) 窒素 1.0 mol を 7.0 L の容器に入れ，温度を 7℃にすると，圧力は何 Pa になるか。　　(2)＿＿＿＿＿

(3) 酸素 0.16 g は，27℃，5.0×10^4 Pa で何 mL の体積を占めるか。　　(3)＿＿＿＿＿

(4) ある気体 1.0 g は，57℃，1.2×10^5 Pa で，830 mL の体積を占める。この気体の分子量はいくらか。　　(4)＿＿＿＿＿

[思考]

17. 気体の分子量・圧力・密度●次の各問いに答えよ。

(1) 同温・同圧で，酸素に対する比重が0.50の気体の分子量はいくらか。　　(1)＿＿＿＿＿

(2) 次の各気体を同じ質量とり，同温・同体積下でその圧力を測定した。圧力の最も大きい気体はどれか。　　(2)＿＿＿＿＿

　（ア）水素　　（イ）ネオン　　（ウ）メタン

　（エ）窒素　　（オ）二酸化炭素　　(3)＿＿＿＿＿

(3) 次の各気体が，同温，同圧下にあるとき，密度が最も大きいものはどれか。

　（ア）CO　　（イ）NH_3　　（ウ）NO_2

　（エ）H_2S　　（オ）SO_2

思考

18. 気体の性質とグラフ●理想気体について，次の(1)～(4)における x と y の関係は，それぞれ(ア)～(エ)のグラフのいずれで示されるか。

(1) 気体の物質量と温度が一定のとき，圧力 x と体積 y

(2) 温度と圧力が一定のとき，気体の物質量 x と体積 y

(3) 気体の物質量が一定のとき，セルシウス温度 $x°C$ と（圧力×体積）y

(4) 気体の物質量が一定のとき，圧力 x と｛（圧力×体積）/絶対温度｝y

(1) _____

(2) _____

(3) _____

(4) _____

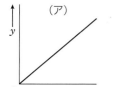 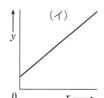 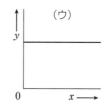 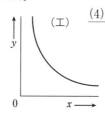

知識

19. 気体の分子量●ボンベに入っている気体Xの一定体積を，水平に固定した注射器にはかりとり，次の実験データから，分子量を計算した。

［ボンベから取り出した気体Xの質量：0.28g，温度27℃
捕集した気体の体積：249mL，大気圧：$1.0×10^5$Pa］

(1) 下線部について，注射器を水平に保つのはなぜか。

_____

(2) 気体Xの分子量を求めよ。

(2) _____

知識

20. 揮発性液体の分子量測定●ある揮発性の液体の分子量を求めるために，次の実験操作①～③を行った。

①内容積 300mL の丸底フラスコに小さい穴を開けたアルミ箔をかぶせて質量を測定すると，134.50g であった。

②このフラスコに液体の試料を入れ，アルミ箔でふたをした。これを図のように，77℃の湯につけ，液体を完全に蒸発させた。

③フラスコを湯から取り出し，室温20℃まで手早く冷やして，フラスコ内の蒸気を凝縮させた。フラスコのまわりの水をふき取り，アルミ箔とフラスコの質量を測定すると，135.33g であった。

大気圧を $1.0×10^5$Pa，液体の蒸気圧は無視できるものとして，次の各問いに答えよ。

(1) 操作②（図の状態）で，フラスコ内にある蒸気の質量は何 g か。

(2) 操作②（図の状態）で，フラスコ内の蒸気の圧力，および温度はそれぞれいくらか。

(3) この液体試料の分子量を求めよ。

(1) _____

(2)圧力：_____

温度：_____

(3) _____

基本例題4　混合気体　→問題 21・22・23

図のように，3.0L の容器Aに $2.0×10^5$ Pa の窒素を，2.0L の容器Bに $1.0×10^5$ Pa の水素を入れ，コック
を開いて両気体を混合した。温度は常に一定に保っておいた。混合後の気体について，次の各問いに答え
よ。

(1)　窒素の分圧は何 Pa か。
(2)　全圧は何 Pa か。
(3)　各気体のモル分率はそれぞれいくらか。
(4)　混合気体の平均分子量はいくらか。

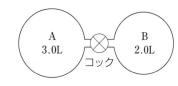

■ 考え方

(1)　混合後の気体の体積は，
3.0L＋2.0L＝5.0L である。

(2)　ドルトンの分圧の法則から，
$P＝P_{N_2}＋P_{H_2}$

(3)　分圧＝全圧×モル分率から，
$$モル分率＝\frac{成分気体の分圧}{混合気体の全圧}$$

(4)　平均分子量 $\overline{M}$ は各成分気体の分子量×モル
分率の和で求められる。N_2 の分子量は28，H_2 の
分子量は2.0である。

■ 解　答

(1)　ボイルの法則から，窒素の分圧 P_{N_2} は，
$$P_{N_2}＝\frac{P_1V_1}{V_2}＝\frac{2.0×10^5Pa×3.0L}{5.0L}＝\boldsymbol{1.2×10^5Pa}$$

(2)　同様に，水素の分圧 P_{H_2} は，
$$P_{H_2}＝\frac{P_1V_1}{V_2}＝\frac{1.0×10^5Pa×2.0L}{5.0L}＝4.0×10^4Pa$$

したがって，全圧は，
$$P＝P_{N_2}＋P_{H_2}＝1.2×10^5Pa＋4.0×10^4Pa＝\boldsymbol{1.6×10^5Pa}$$

(3)　$N_2\cdots\dfrac{1.2×10^5Pa}{1.6×10^5Pa}＝\boldsymbol{0.75}$　　$H_2\cdots\dfrac{4.0×10^4Pa}{1.6×10^5Pa}＝\boldsymbol{0.25}$

(4)　$\overline{M}＝28×0.75＋2.0×0.25＝21.5＝\boldsymbol{22}$

---

21. [知識] **全圧と分圧** ●27℃，8.3L の容器に，気体Aを 0.30 mol，気体Bを 0.20
mol 入れた。

(1)　混合気体の全圧は何 Pa か。
(2)　混合気体中のAおよびBのモル分率はそれぞれいくらか。
(3)　混合気体中のAおよびBの分圧はそれぞれ何 Pa か。

(1) _____

(2) A : _____

　　 B : _____

(3) A : _____

　　 B : _____

---

22. [知識] **混合気体の圧力** ●2.0L の容器Aに $1.0×10^5$ Pa の窒素を入れ，3.0L の容
器Bに $5.0×10^4$ Pa の酸素を入れて，両容器を連結した。次に，コックを開
いて両容器を一定温度に保ち，十分に時間が経過した。次の各問いに答えよ。

(1)　各気体の分圧はそれぞれ何 Pa になるか。
(2)　混合気体の全圧は何 Pa になるか。

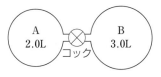

(1)窒素 : _____

　酸素 : _____

(2) _____

H=1.0 N=14 O=16

思考
23. 平均分子量●空気を，窒素と酸素が体積比 4：1 で混合した気体として，次の各問いに有効数字 2 桁で答えよ。
(1) 空気の平均分子量はいくらか。
(2) 10 g の空気を 5.0L の容器に入れ，27℃ に保った。容器内の全圧は何 Pa になるか。

(1) _____

(2) _____

思考
24. 水上捕集●図のように，水素を水上置換で捕集し，<u>容器内の水位と水槽の水位を一致させて体積を測定した</u>ところ，350mL であった。また，温度は27℃，大気圧は1022hPa であった。次の各問いに答えよ。

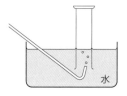

(1) 下線部のようにする理由を答えよ。

_____

(2) 捕集した水素の物質量は何 mol か。ただし，27℃ での水蒸気圧を 36 hPa とする。

(2) _____

思考
25. 理想気体と実在気体●次の文中の（　　）に適語を入れ，下の各問いに答えよ。
　気体の状態方程式に完全にあてはまる仮想の気体を（　ア　）という。一方，実在気体は，気体の状態方程式に完全にはあてはまらない。これは，実在気体では，（　イ　）に引力が働き，また，分子自身が（　ウ　）をもつためである。
(1) 実在気体が，気体の状態方程式にあてはまるのは，次のどの条件か。
(a) 低温・低圧　　(b) 低温・高圧
(c) 高温・低圧　　(d) 高温・高圧
(2) 水素と窒素では，どちらが気体の状態方程式にあてはまりやすいか。理由とともに答えよ。

(ア) _____

(イ) _____

(ウ) _____

(1) _____

26. 実在気体の状態変化●図は，温度 T と気体の圧力 P の関係を表したものである。いま，ある気体の一定量を V〔L〕の容器に入れると①の状態になった。この容器をゆっくりと冷却すると，T_2〔K〕で気体の圧力が飽和蒸気圧の値と同じになった（②の状態）。その後，さらに，T_3〔K〕まで冷却した。次の各問いに答えよ。

(1) この気体の圧力変化は②→③，②→④のいずれか。

(2) T_3〔K〕での容器内の気体の物質量を，記号を用いて表せ。ただし，気体定数を R〔Pa·L/(K·mol)〕とし，液体が存在する場合でも液体の体積は無視できるものとする。

(1) _____

(2) _____

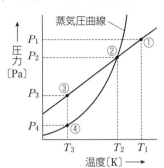

蒸気圧曲線
圧力〔Pa〕
温度〔K〕→

━━━━━━━━━━━━━━━━━━ [標│準│問│題] ━━━━━━━━━━━━━━━━━━

27. 気体の燃焼◆次の各問いに答えよ。

0.50 mol のメタン CH_4 と 2.5 mol の酸素 O_2 を，5.0 L の容器に入れた。容器内で電気火花を飛ばしてメタンを完全燃焼させたのち，容器の温度を17℃に保った。

(1) メタンの完全燃焼を化学反応式で記せ。

(2) 容器内の全圧は何 Pa になるか。ただし，生じた水の体積および水蒸気圧は無視できるものとする。

(2) _____

28. 水蒸気との混合気体◆ピストン付きの容器に窒素と少量の水を入れ77℃に保つと，容器内の圧力は 9.0×10^4 Pa になった。このとき，容器内に液体の水が存在していた（状態Ⅰ）。次に，温度を77℃に保ってピストンを押し，気体部分の体積をはじめのちょうど半分の0.83 L にした（状態Ⅱ）。

77℃における水蒸気圧を 4.0×10^4 Pa，液体の体積は無視できるものとして，次の各問いに答えよ。

(1) 状態Ⅰで，窒素の分圧は何 Pa か。

(2) 状態Ⅱで，容器内の全圧は何 Pa か。

(3) 状態Ⅱで存在する水蒸気の物質量は何 mol か。

(1) _____

(2) _____

(3) _____

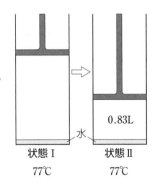

0.83L
水
状態Ⅰ
77℃
状態Ⅱ
77℃

3 | 固体の構造

1 粒子間の結合と結晶

❶結晶 固体のうち，構成粒子が規則正しく配列しているもの。

❷結晶の種類 構成粒子間の結合の種類によって，4種類に大別される。

金属結晶（金属結合） 共有結合の結晶（共有結合）

イオン結晶（イオン結合） 分子結晶（分子間力）

❸結晶格子 結晶の粒子配列を示したもの。

❹単位格子 結晶格子の最小の繰り返し単位。

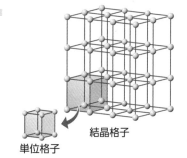

結晶格子

単位格子

2 金属結晶

❶金属結晶の単位格子 金属原子が金属結合によって規則正しく配列。

単位格子 （六方最密構造 は赤の部分）	$\frac{1}{8}$個 1個	$\frac{1}{2}$個	$\frac{1}{6}$個 $\frac{1}{2}$個
格子名	(ア　　　　)格子	(イ　　　　)格子	(ウ　　　　)構造
含まれる粒子数	$\frac{1}{8}$個×8+1=(エ　　)	$\frac{1}{8}$個×8+$\frac{1}{2}$個×6=(オ　　)	6個（単位格子：2個）
配位数❶	(カ　　)	(キ　　)	12
充填率❷	68%	74%（最密充填）	74%（最密充填）
例	Li, Na, Fe	Al, Cu, Ag	Mg, Zn, Co

❶結晶格子内で，1つの原子に隣接する原子の数を**配位数**という。

❷単位格子の体積に占める金属原子の割合〔％〕を**充填率**という。面心立方格子（立方最密構造）と六方最密構造は，いずれも最密充填構造であるが，層の重なり方が異なる。

❷単位格子と原子半径・充填率

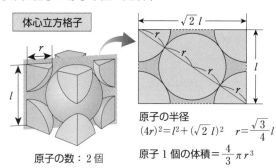

体心立方格子

原子の数：2個

原子の半径
$$(4r)^2=l^2+(\sqrt{2}\,l)^2 \quad r=\frac{\sqrt{3}}{4}l$$

原子1個の体積$=\frac{4}{3}\pi r^3$

$$充填率〔％〕=\frac{\frac{4}{3}\pi \times \left(\frac{\sqrt{3}}{4}l\right)^3 \times 2}{l^3}\times 100=68$$

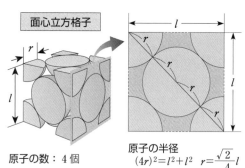

面心立方格子

原子の数：4個

原子の半径
$$(4r)^2=l^2+l^2 \quad r=\frac{\sqrt{2}}{4}l$$

$$充填率〔％〕=\frac{\frac{4}{3}\pi \times \left(\frac{\sqrt{2}}{4}l\right)^3 \times 4}{l^3}\times 100=74$$

解答

（ア）体心立方 （イ）面心立方 （ウ）六方最密 （エ）2個 （オ）4個 （カ）8 （キ）12

3 イオン結晶

❶イオン結晶の結晶格子 多数のイオンがクーロン力で規則正しく配列した結晶。

(a) NaClの単位格子

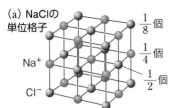

Na$^+$　Cl$^-$

$\dfrac{1}{8}$ 個　$\dfrac{1}{4}$ 個　$\dfrac{1}{2}$ 個

(b) CsClの単位格子

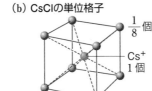

$\dfrac{1}{8}$ 個　Cs$^+$ 1 個　Cl$^-$

(c) ZnSの単位格子

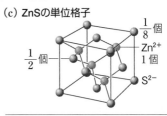

$\dfrac{1}{8}$ 個　Zn^{2+} 1 個　$\dfrac{1}{2}$ 個　S^{2-}

Na$^+$ $\dfrac{1}{4}$ 個×12+1 個=(^{ク} 　　　)	Cs$^+$ 1 個	Zn^{2+} 4 個
Cl$^-$ $\dfrac{1}{8}$ 個×8+$\dfrac{1}{2}$ 個×6=4 個	Cl$^-$ $\dfrac{1}{8}$ 個×8=(^{ケ} 　　)	S^{2-} $\dfrac{1}{8}$ 個×8+$\dfrac{1}{2}$ 個×6=4 個
配位数　Na$^+$：6　Cl$^-$：(^{コ} 　)	配位数　Cs$^+$：(^{サ} 　)　Cl$^-$：8	配位数　Zn^{2+}：(^{シ} 　)　S^{2-}：4

単位格子中に含まれる陽イオンと陰イオンの数の比は，組成式で示されるイオンの数の比と等しい。
イオン結晶における配位数は，あるイオンを取り囲む反対の電荷のイオンの数で示す。

❷単位格子とイオン半径

Na$^+$　Cl$^-$　l　r_-　r_+　l

$l=(r_++r_-)×2$

イオン半径比

$0.41<\dfrac{r_+}{r_-}<0.73$

NaCl 型

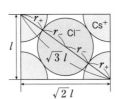

r_+　r_-　Cl$^-$　r　Cs$^+$　l　$\sqrt{3}\,l$　r_+　$\sqrt{2}\,l$

$\sqrt{3}\,l=(r_++r_-)×2$

イオン半径比

$0.73<\dfrac{r_+}{r_-}$

CsCl 型

イオン半径比が $\dfrac{r_+}{r_-}<0.41$ のとき，ZnS 型になる。

4 共有結合の結晶

すべての原子が(^{ス} 　　　　)結合によって規則正しく配列した結晶。

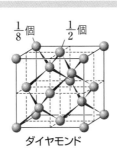

$\dfrac{1}{8}$ 個　$\dfrac{1}{2}$ 個

ダイヤモンド

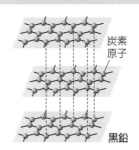

炭素原子

黒鉛

Si　O

二酸化ケイ素

5 分子結晶

多数の分子が(^{セ} 　　　　　　)力や水素結合などの分子間力で集合し，規則正しく配列した結晶。

氷が水になると，分子の配列がくずれ，すき間の少ない構造となるため，密度が大きくなる。

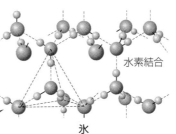

水素結合

氷

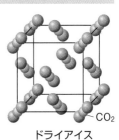

CO$_2$

ドライアイス

6 非晶質

構成粒子の配列が不規則なものを(^{ソ} 　　　)(アモルファス，無定形固体)という。

(例)　アモルファスシリコン，石英ガラス，ソーダ石灰ガラス，アモルファス合金

解答

(ク) 4個　(ケ) 1個　(コ) 6　(サ) 8　(シ) 4　(ス) 共有　(セ) ファンデルワールス　(ソ) 非晶質

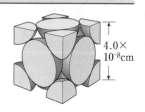

基本例題5 金属の結晶格子 ⇒問題29

アルミニウム Al の結晶は面心立方格子であり，図のように単位格子の一辺の長さは $4.0×10^{-8}$ cm である。

(1) この格子中に含まれる Al 原子の数はいくらか。

(2) 1個の Al 原子は，何個の原子と隣接しているか。

(3) Al 原子の半径は何 cm か。$\sqrt{2}=1.4$ とする。

■ 考え方

(1) 単位格子に含まれる原子の数は次のようになる。

立方体の各頂点：$\dfrac{1}{8}$ 個

各面の中心　 ：$\dfrac{1}{2}$ 個

(2) 面の中心にある原子から，距離の等しいところでいくつの原子が存在するかを考える。

(3) 原子がどのように接しているかを考え，原子の半径 r と単位格子の一辺の長さ l の間で三平方の定理を適用する。

■ 解 答

(1) $\dfrac{1}{8}$ 個×8＋$\dfrac{1}{2}$ 個×6＝**4個**

(2) 単位格子を 2 つ並べて考える。図から，面の中心の原子●に注目すると，配位数は12と求められるので，隣接する原子の数は**12個**である。

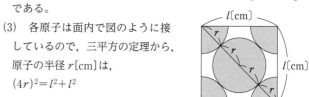

(3) 各原子は面内で図のように接しているので，三平方の定理から，原子の半径 r〔cm〕は，

$(4r)^2=l^2+l^2$

$r=\dfrac{\sqrt{2}}{4}l=\dfrac{\sqrt{2}}{4}×(4.0×10^{-8}\text{cm})=\textbf{1.4×10}^{-8}\textbf{cm}$

29. 体心立方格子 ●ある金属の結晶は体心立方格子である。次の各問いに答えよ。

(1) この単位格子に含まれる原子の数は何個か。

(2) 1個の原子は，何個の原子と隣接しているか。

(1) _____

(2) _____

30. 金属の結晶格子 ●図は，金属 A，B の結晶における単位格子を示したものである。

(1) 金属 A，B について，次の① ～③を答えよ。

① 単位格子の名称

② 単位格子中の原子の数

③ 配位数

 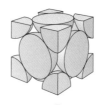

A　　　　　　B

(1)①A : _____

　　　B : _____

②A : _____　B : _____

③A : _____　B : _____

(2) 金属 A，B それぞれについて，単位格子の一辺の長さを l〔cm〕として，原子の中心間距離 R〔cm〕を l を用いて表せ。ただし，無理数は $\sqrt{2}$ や $\sqrt{3}$ のままでよい。

(2) A : _____

　　B : _____

例題
解説動画

31. 金属結晶の充填率●図は，金属A～Cにおける原子の配列を示したものである。次の各問いに答えよ。

 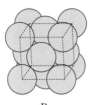 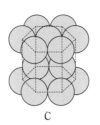

A   B   C

(1) A：_____

    B：_____

    C：_____

(2) _____

(1) 各配列において，配位数はそれぞれいくつか。

(2) 各配列における充填率(結晶中で，原子の占める体積の割合)を a ％， b ％， c ％としたとき， a ～ c の大小関係として正しいものはどれか。次の(ア)～(オ)のうちから1つ選べ。

(ア) $a<b<c$　　(イ) $a=b<c$　　(ウ) $a<b=c$　　(エ) $b<a<c$

(オ) $b<a=c$

基本例題6　イオン結晶と組成式

➡問題32・33・34

元素Aの陽イオンと元素Bの陰イオン，および元素Cの陽イオンと元素Dの陰イオンからなるイオン結晶の単位格子①，②を図に示す。次の各問いに答えよ。

(1) 単位格子①，②に含まれる陽イオンと陰イオンの個数は，それぞれいくらか。

(2) 単位格子①，②のイオン結晶の組成式をそれぞれ求め，A～Dを用いて表せ。

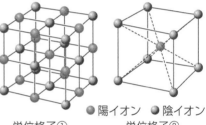

●陽イオン　●陰イオン
単位格子①　　　単位格子②

■ 考え方

(1) 各頂点のイオンは $\frac{1}{8}$ 個，面の中心のイオンは $\frac{1}{2}$ 個，辺の中心は $\frac{1}{4}$ 個，格子内のイオンは1個が単位格子に含まれる。

(2) 単位格子に含まれる各イオンの数の比と，組成式で表される各イオンの数の比は等しい。

■ 解 答

(1) 単位格子①　A：$\frac{1}{4}$ 個×12＋1個＝**4個**

              B：$\frac{1}{8}$ 個×8＋$\frac{1}{2}$ 個×6＝**4個**

  単位格子②　C：**1個**

              D：$\frac{1}{8}$ 個×8＝**1個**

(2) 単位格子①はA：B＝4：4＝1：1であり，組成式は**AB**となる。また，単位格子②はC：D＝1：1であり，組成式は**CD**となる。

32. 塩化ナトリウムの結晶格子●図は，塩化ナト

リウムの単位格子を示している。Na^+ と Cl^- は

互いに接しており，それぞれのイオン半径を

r_+[cm]，r_-[cm] とする。

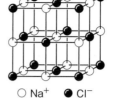

○ Na^+ ● Cl^-

(1) 1つの Na^+ に接している Cl^- は何個か。

(2) 1つの Cl^- に接している Na^+ は何個か。

(3) Na^+ に着目すると，その配列は金属の結晶
における何という結晶格子に相当するか。

(4) 単位格子中に含まれる Na^+，Cl^- はそれぞれ何個か。

(5) 単位格子の一辺の長さを，r_+，r_- を用いて表せ。

(6) 最も近い Na^+ 間の距離(イオンの中心間の距離)を r_+，r_- を用い
て表せ。

(1) _____

(2) _____

(3) _____

(4) Na^+ : _____ Cl^- : _____

(5) _____

(6) _____

---

33. 塩化セシウムの結晶格子●図は，塩化セシウムの単

位格子を示している。Cs^+ と Cl^- は互いに接している

ものとする。

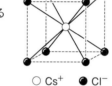

○ Cs^+ ● Cl^-

(1) 1つの Cs^+ に接している Cl^- は何個か。

(2) 1つの Cl^- に接している Cs^+ は何個か。

(3) 単位格子中に含まれる Cs^+，Cl^- はそれぞれ何個か。

(4) Cl^- のイオン半径を 0.17 nm，単位格子の一辺の長さを 0.41 nm として，
Cs^+ のイオン半径を求めよ。$\sqrt{3}$ =1.73 とする。

(1) _____

(2) _____

(3) Cs^+ : _____

  Cl^- : _____

(4) _____

---

34. イオン結晶の組成式●

図Ⅰ，Ⅱは，それぞれ元素A
の陽イオンと元素Bの陰イオ
ン，元素Cの陽イオンと元素
Dの陰イオンからなるイオン
結晶の単位格子である。

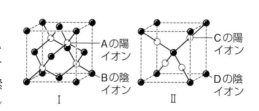

Aの陽イオン
Bの陰イオン
Ⅰ

Cの陽イオン
Dの陰イオン
Ⅱ

(1) 各イオン結晶の組成式を求めよ。

(2) 各単位格子において，陽イオンは何個の陰イオンと，また陰イオンは何
個の陽イオンとそれぞれ隣接しているか。

(1) Ⅰ _____

  Ⅱ _____

(2) Aの陽イオン _____

  Bの陽イオン _____

  Cの陽イオン _____

  Dの陽イオン _____

[知識]
35. いろいろな固体●次の記述のうちから，下線部に誤りを含むものを2つ選べ。

(ア) ダイヤモンドでは，各炭素原子に結合する4個の原子が<u>正四面体形の頂点に位置している</u>。

(イ) 黒鉛では，炭素原子が共有結合してできた<u>平面構造がいくつも重なり合っている</u>。

(ウ) 二酸化ケイ素 SiO_2 では，1個の O のまわりを<u>4個の Si が取り囲んで</u>いる。

(エ) 氷が融解して水になると，<u>すき間の多い構造となり，密度が小さくなる</u>。

(オ) ガラスは高温の融解液を急冷してつくられ，構成粒子が規則正しく配列する前に固まってできた<u>非晶質である</u>。

［標｜準｜問｜題］

[思考]
36. 結晶格子と原子量◆鉄の結晶は体心立方格子であり，その単位格子の一辺は a[cm]である。この結晶の密度を d[g/cm³]，アボガドロ定数を N_A[/mol]，円周率を π として，次の各問いに答えよ。ただし，$\sqrt{\ }$ や π はそのまま用いてよい。

(1) 鉄原子の半径は何 cm か。

(2) この結晶格子の充填率[%]を求めよ。

(3) 鉄原子1個の質量は何 g か。

(4) 鉄のモル質量を求めよ。

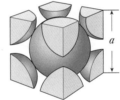

(1) _____

(2) _____

(3) _____

(4) _____

[思考]
37. 共有結合の結晶◆次の文を読み，下の各問いに答えよ。

ケイ素は，炭素と同じ14族元素で，その結晶の単位格子は，図に示すように，すべての原子が互いに（　ア　）結合で結ばれた，ダイヤモンド型の構造をもつ。1個のケイ素原子には（　イ　）個のケイ素原子がそれぞれ結合しており，これらの原子で（　ウ　）のすべての頂点と，その中心を占める構造となっている。

(1) 文中の（　　）に適当な語句や数値を記せ。

(2) 図の単位格子には，ケイ素原子が何個含まれるか。

(3) 図の単位格子の一辺の長さは a[cm]である。図中のケイ素原子間の結合距離を，a を用いて表せ。

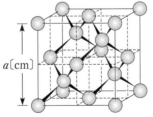

(1)(ア) _____

　(イ) _____

　(ウ) _____

(2) _____

(3) _____

4 溶液の性質

1 溶解と水和

❶物質の溶解

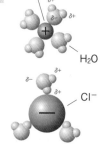

(ア　　　　　)溶媒(水など)…イオン結晶や極性の大きい分子を溶解。

(イ　　　　　)溶媒(ベンゼン，ヘキサンなど)…無極性分子を溶解。

❷水和　溶質粒子が水分子と結合する現象。

イオン結晶…イオンと水分子が静電気的な引力によって水和。

極性分子…アルコールなどは，水分子と水素結合によって水和。

水和イオン

2 溶解度と溶液の濃度

❶飽和溶液と溶解平衡

(a)　(ウ　　　　　　　)…一定量の溶媒に溶質が限界まで溶けた溶液。

(b)　(エ　　　　　　　)…飽和溶液中に溶質の結晶が存在するとき，単位時間あたりに溶解する粒子の数と析出する粒子の数が等しくなり，見かけ上，溶解が停止している状態。

❷固体の溶解度　溶媒 $100\,g$ に最大限まで溶けた溶質の質量[g]の数値。一般に，固体の溶解度は温度が高くなるほど(オ　　　　　　　)なる。

注　結晶水を含む物質では，無水物の質量[g]の数値で表す。

飽和溶液

溶質の結晶

溶解平衡

❸気体の溶解度　気体の圧力が $1.013×10^5\,Pa$ のとき，溶媒 $1\,L$ に溶ける気体の(カ　　　　　　　)[mol]または気体の体積[mL]で表される。一般に，温度が高くなるほど(キ　　　　　　)なる。

(ク　　　　　　　)の法則　一定温度で，一定量の溶媒に溶けうる気体の物質量(または質量)はその気体の圧力に比例する。混合気体では，各気体の分圧に比例する。

3 希薄溶液の性質

❶蒸気圧降下　溶液の蒸気圧は，純粋な溶媒の蒸気圧よりも低くなる。このような現象を(ケ　　　　　　)といい，蒸気圧降下度は，溶液の質量モル濃度に比例する。

❷沸点上昇と凝固点降下　溶液では，溶媒よりも沸騰する温度は上昇する。このような現象を(コ　　　　　　)という。また，溶液では溶媒よりも凝固する温度は降下する。このような現象を(サ　　　　　　)という。沸点上昇度または凝固点降下度は溶液の質量モル濃度に比例する。この関係を用いると，溶質のモル質量が求められる。

$$\Delta t = Km = K × \frac{\frac{w}{M}}{W} \qquad M = \frac{Kw}{\Delta tW}$$

$$\left[\begin{array}{l}\Delta t：沸点上昇度(凝固点降下度)[K]，\ K：モル沸点上昇(モル凝固点降下)[K\cdot kg/mol]，\\ m：質量モル濃度[mol/kg]，\ W：溶媒の質量[kg]，\ w：溶質の質量[g]，\ M：溶質のモル質量[g/mol]\end{array}\right]$$

注　K は溶媒 $1\,kg$ に溶質 (非電解質) $1\,mol$ が溶けたときの沸点上昇度 (凝固点降下度) であり，**モル沸点上昇 (モル凝固点降下)** とよばれ，溶媒に固有の値である。

質量モル濃度**[mol/kg]**　(シ　　　　　　) $1\,kg$ に含まれる溶質の物質量で表す。

解 答
(ア) 極性　(イ) 無極性　(ウ) 飽和溶液　(エ) 溶解平衡　(オ) 大きく　(カ) 物質量　(キ) 小さく　(ク) ヘンリー
(ケ) 蒸気圧降下　(コ) 沸点上昇　(サ) 凝固点降下　(シ) 溶媒

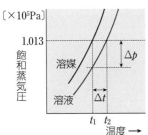

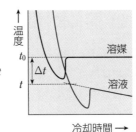

溶媒の沸点：t_1
溶液の沸点：t_2
沸点上昇度：Δt
$\Delta t = t_2 - t_1$

蒸気圧降下Δpと沸点上昇

溶媒の凝固点：t_0
溶液の凝固点：t
凝固点降下度：Δt
$\Delta t = t_0 - t$

(注)溶媒の凝固点 t_0，溶液の凝固点 t は，破線で示すようにして求める。

冷却曲線と凝固点

❸**浸透圧** 半透膜を通って，溶媒が溶液中に浸入しようとする現象((ス　　　　　))をおさえるために溶液側に加える圧力。浸透圧 Π[Pa]は次のようになる((セ　　　　　)の法則)。

$$\Pi = cRT = \frac{n}{V}RT \qquad \Pi V = nRT$$

c：溶液のモル濃度[mol/L]，V：溶液の体積[L]，
n：溶質の物質量[mol]，T：絶対温度[K]，
R：気体定数$=8.3\times10^3\,\mathrm{Pa\cdot L/(K\cdot mol)}$

❹**電解質溶液** 溶質が電解質の場合，電離してイオンを生じ，粒子数が増加するため，同一濃度の非電解質溶液よりも沸点上昇度，凝固点降下度，浸透圧が(ソ　　　　　)なる。

4 コロイドとコロイド溶液

❶**コロイド** $10^{-9}\sim10^{-7}$m$(1\sim100\,\mathrm{nm})$の大きさのコロイド粒子が液体中に分散したものをコロイド溶液(ゾル)，ゾルが流動性を失って固体状になったものをゲルという。

分散媒…コロイド粒子を分散させている物質　　分散質…分散しているコロイド粒子

構成粒子による分類と定義		例
分子コロイド	高分子1個がコロイド粒子として分散したもの。	デンプン，タンパク質
分散コロイド	固体などの小さい粒子がコロイド粒子として分散したもの。	硫黄，水酸化鉄(Ⅲ)
(タ　　)コロイド	界面活性剤がミセルを形成して分散したもの。	セッケン，合成洗剤

(a) (チ　　)コロイド　少量の電解質で沈殿するコロイド溶液。

(b) (ツ　　)コロイド　多量の電解質で沈殿するコロイド溶液。

(c) (テ　　)コロイド　疎水コロイドを安定化させる(保護作用)ために加える親水コロイド。

〈例〉 墨汁…炭素(疎水コロイド)にニカワ(親水コロイド)を加えたもの

注 0.1nm程度の大きさの粒子を含む溶液を真の溶液という。

❷**コロイド溶液の性質**

(ト　　)現象	コロイド粒子が光を散乱させるため，光の通路が明るく見える現象
(ナ　　)運動	コロイド粒子が分散媒分子に衝突されておこる不規則な運動
(ニ　　)	半透膜を用いてコロイド溶液を精製する操作
(ヌ　　)	疎水コロイドが少量の電解質で沈殿する現象
(ネ　　)	親水コロイドが多量の電解質で沈殿する現象
電気泳動	直流電圧をかけると陰極または陽極にコロイド粒子が移動する現象

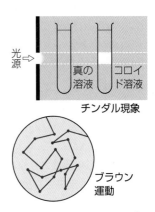

光源

真の溶液　コロイド溶液

チンダル現象

ブラウン運動

解答
(ス) 浸透　(セ) ファントホッフ　(ソ) 大きく　(タ) ミセル(会合)　(チ) 疎水　(ツ) 親水　(テ) 保護
(ト) チンダル　(ナ) ブラウン　(ニ) 透析　(ヌ) 凝析　(ネ) 塩析

基|本|問|題

38. 知識 **溶解性**●次の(1)〜(3)に該当する物質を，(ア)〜(オ)からすべて選べ。

(1) 水にはよく溶けるが，ヘキサンには溶けにくい。　　　　　　　　　　　(1)

(2) ヘキサンにはよく溶けるが，水には溶けにくい。　　　　　　　　　　(2)

(3) 水にもヘキサンにもよく溶ける。　　　　　　　　　　　　　　　　　(3)

　　（ア）　塩化ナトリウム NaCl　　　　　（イ）　エタノール C_2H_5OH

　　（ウ）　ヨウ素 I_2　　（エ）　ナフタレン $C_{10}H_8$　　（オ）　スクロース $C_{12}H_{22}O_{11}$

基本例題7　固体の溶解度と濃度　　　　　　　　　　　　　　　➡問題39

水100gに対する硝酸カリウム KNO_3 の溶解度は，25℃で36，60℃で110である。硝酸カリウム水溶液について，次の各問いに答えよ。

(1) 25℃における硝酸カリウムの飽和水溶液の濃度は何％か。

(2) (1)の水溶液のモル濃度を求めよ。ただし，飽和水溶液の密度を $1.15\,g/cm^3$ とする。

(3) 60℃の硝酸カリウム飽和水溶液100gを25℃に冷却すると，結晶が何g析出するか。

▎考え方	▎解答
(1) 飽和溶液では，溶質が溶解度まで溶けている。	(1) 25℃では，水100gに36gの KNO_3 が溶けて飽和するので，質量パーセント濃度は，次のようになる。　$\dfrac{36\,g}{100\,g+36\,g}\times100=26.4$　**26%**

(2) 次式から，質量と密度を用いて体積を求めることができる。

$$体積[cm^3]=\frac{質量[g]}{密度[g/cm^3]}$$

(2) (1)の水溶液の体積は，$\dfrac{136\,g}{1.15\,g/cm^3}=118.2\,cm^3=118.2\times10^{-3}\,L$

$KNO_3(=101\,g/mol)$ の物質量は $(36/101)$ mol なので，そのモル濃度は，

$$\frac{(36/101)\,mol}{118.2\times10^{-3}\,L}=3.01\,mol/L\quad\textbf{3.0\,mol/L}$$

(3) 水100gを含む飽和水溶液を冷却すれば，溶解度の差に相当する質量の結晶が析出する。

(3) 水100gを含む60℃の飽和水溶液は $100\,g+110\,g=210\,g$ なので，この水溶液を25℃に冷却すると，溶解度の差に相当する質量 $110\,g-36\,g=74\,g$ の結晶が析出する。したがって，飽和水溶液100gでは，$74\,g\times\dfrac{100}{210}=\textbf{35\,g}$ 析出する。

---

39. 思考 **溶解度曲線と溶解度**●図は硝酸カリウム KNO_3 の溶解度曲線である。次の各問いに答えよ。

(1) 20℃の硝酸カリウムの飽和溶液の濃度は何％か。

(2) 20℃の硝酸カリウムの飽和溶液200gから水を完全に蒸発させると，何gの結晶が得られるか。

(3) 60℃の硝酸カリウムの飽和溶液100gを20℃に冷却すると，何gの結晶が得られるか。

(4) 60℃の硝酸カリウムの飽和溶液200gから水50gを蒸発させたのち，20℃まで冷却すると，何gの結晶が得られるか。

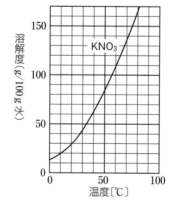

(1)

(2)

(3)

(4)

例題解説動画

基本例題8　気体の溶解度 ⇒問題40・41

水素は，0℃，1.0×10⁵Pa で，1 L の水に 22 mL 溶ける。次の各問いに答えよ。

(1) 0℃，5.0×10⁵Pa で，1 L の水に溶ける水素は何 mol か。

(2) 0℃，5.0×10⁵Pa で，1 L の水に溶ける水素の体積は，その圧力下で何 mL か。

(3) 水素と酸素が 1：3 の物質量の比で混合された気体を 1 L の水に接触させて，0℃，1.0×10⁶Pa に保ったとき，水素は何 mol 溶けるか。

■ 考え方

ヘンリーの法則を用いる。

(1) 0℃，1.0×10⁵Pa における溶解度を物質量に換算する。溶解度は圧力に比例する。

(2) 気体の状態方程式を用いる。

(3) 混合気体の場合，気体の溶解度は各気体の分圧に比例する。

■ 解答

(1) 0℃，1.0×10⁵Pa で溶ける水素の物質量は，

$$\frac{2.2 \times 10^{-2} \text{L}}{22.4 \text{L/mol}} = 9.82 \times 10^{-4} \text{mol}$$

気体の溶解度は圧力に比例するので，5.0×10⁵Pa では，

$$9.82 \times 10^{-4} \text{mol} \times \frac{5.0 \times 10^5 \text{Pa}}{1.0 \times 10^5 \text{Pa}} = 4.91 \times 10^{-3} \text{mol} = \mathbf{4.9 \times 10^{-3}} \textbf{mol}$$

(2) 気体の状態方程式 $PV = nRT$ から V を求める。

$$V = \frac{4.91 \times 10^{-3} \text{mol} \times 8.3 \times 10^3 \text{Pa·L/(K·mol)} \times 273 \text{K}}{5.0 \times 10^5 \text{Pa}} = 2.2 \times 10^{-2} \text{L} = \mathbf{22} \textbf{mL}$$

(3) 水素の分圧は 1.0×10⁶Pa×(1/4)=2.5×10⁵Pa なので，溶ける水素の物質量は，

$$9.82 \times 10^{-4} \text{mol} \times \frac{2.5 \times 10^5 \text{Pa}}{1.0 \times 10^5 \text{Pa}} = \mathbf{2.5 \times 10^{-3}} \textbf{mol}$$

---

40. 知識 **気体の溶解度**●次の文中の（　　）に適する語句または数値を記入せよ。

水に溶けにくい気体は一般に（　ア　）の法則にしたがって水に溶ける。0℃で，圧力が 1.0×10⁵Pa の窒素は水 1 mL に 0.024 mL 溶ける。したがって，窒素は，0℃，1.0×10⁵Pa において 5.0 L の水に（　イ　）L 溶け，このとき溶けた窒素の物質量は，（　ウ　）mol となる。0℃で窒素の圧力を 3.0×10⁵Pa にすると，5.0 L の水に（　エ　）g 溶け，その体積は 0℃，3.0×10⁵Pa のもとで（　オ　）L を占める。

（ア）_____
（イ）_____
（ウ）_____
（エ）_____
（オ）_____

41. 思考 **気体の溶解度**●1.0×10⁵Pa において，酸素，窒素は 0℃の水 1 L にそれぞれ 49 mL，24 mL 溶ける。空気における酸素と窒素の体積比を 1：4 として，次の各問いに答えよ。

(1) 0℃で，1.0×10⁵Pa の酸素に接している水 1 L に溶ける酸素の質量は何 g か。

(2) 0℃，1.0×10⁵Pa のもとで，1 L の水に空気を接触させたとき，溶けこむ窒素の質量は何 g か。

(3) 0℃，1.0×10⁵Pa のもとで，1 L の水に空気を接触させたとき，溶けている酸素の体積を 0℃，1.0×10⁵Pa に換算して表すと，何 mL になるか。

(4) 水に溶存している気体を追い出すのに，最も効果的な方法を次のうちから選べ。

　（ア）かくはんする　　（イ）冷却する　　（ウ）冷却して圧力を上げる

　（エ）加熱して圧力を下げる　　　　（オ）加熱して圧力を上げる

(1)_____
(2)_____
(3)_____
(4)_____

基本例題9　希薄溶液の性質

→問題 42・43・45

次の各問いに答えよ。ただし，水のモル凝固点降下を 1.85 K·kg/mol とする。

(1)　2.4 g の尿素 $CO(NH_2)_2$ を水 100 g に溶かした水溶液の凝固点は何℃か。

(2)　1.8 g のグルコース $C_6H_{12}O_6$ を水に溶かして 100 mL にした水溶液の浸透圧は，27℃で何 Pa か。

考え方

(1)　$\Delta t = Km$ から凝固点降下度を求める。

(2)　グルコースの物質量を n [mol]，溶液の体積を V [L]，絶対温度を T [K] とすると，ファントホッフの法則 $\Pi V = nRT$ が成り立つ。

解答

(1)　尿素(モル質量 60 g/mol)は $\dfrac{2.4}{60}$ mol，溶媒の水は 100 g＝0.100 kg なので，凝固点降下度は，$\Delta t = 1.85\,\mathrm{K \cdot kg/mol} \times \dfrac{\dfrac{2.4}{60}\,\mathrm{mol}}{0.100\,\mathrm{kg}} = 0.74\,\mathrm{K}$

したがって，凝固点は 0℃ − 0.74℃ ＝ **−0.74℃** となる。

(2)　グルコース(モル質量 180 g/mol)は $\dfrac{1.8}{180}$ mol，水溶液の体積は 0.100 L なので，$\Pi = \dfrac{n}{V}RT$ から，

$\Pi = \dfrac{\dfrac{1.8}{180}\,\mathrm{mol}}{0.100\,\mathrm{L}} \times 8.3 \times 10^3\,\mathrm{Pa \cdot L/(K \cdot mol)} \times (273+27)\,\mathrm{K} = \boldsymbol{2.5 \times 10^5\,Pa}$

知識

42. 沸点上昇●次の各問いに答えよ。ただし，水のモル沸点上昇を 0.52 K·kg/mol，二硫化炭素のモル沸点上昇を 2.3 K·kg/mol とする。

(1)　水 500 g に 30 g のグルコース $C_6H_{12}O_6$ を溶かした水溶液の沸点は何℃になるか。

(2)　硫黄の結晶 0.32 g を二硫化炭素 25 g に溶かした溶液の沸点は，純粋な二硫化炭素よりも 0.115℃高かった。硫黄の分子量はいくらか。

(1) _____

(2) _____

思考

43. 凝固点降下●電解質は完全に電離しているものとして，次の各問いに答えよ。

(1)　2.56 g のナフタレン $C_{10}H_8$ をベンゼン 100 g に溶かした溶液の凝固点は何℃か。ただし，ベンゼンの凝固点を 5.5℃，モル凝固点降下を 5.0 K·kg/mol とする。

(2)　3.0 g の尿素 $CO(NH_2)_2$ を水 500 g に溶かした水溶液の凝固点は −0.18℃であった。ある非電解質 2.7 g を水 100 g に溶かした水溶液の凝固点が −0.27℃であったとき，この非電解質の分子量はいくらになるか。

(3)　ある非電解質 36 g を水 1.0 kg に溶かした溶液の凝固点を測定すると，質量モル濃度 0.10 mol/kg の塩化ナトリウム水溶液の凝固点と一致した。この非電解質の分子量を求めよ。

(1) _____

(2) _____

(3) _____

例題
解説動画

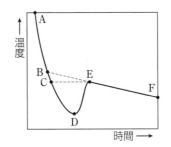

思考

44.冷却曲線●図はスクロース $C_{12}H_{22}O_{11}$ の希薄水溶液を冷却していく場合の，冷却時間と温度の関係を示した冷却曲線である。次の各問いに答えよ。

(1) 凝固点は，図中のA～Fのどの点の温度か。

(2) DからEで急激に温度が上昇するのはなぜか。

(1) _____

(3) 図中の直線 EF が右下がりになる理由を記せ。

(4) 水 200 g にスクロース 4.00 g を溶かした水溶液の凝固点は何℃か。ただし，水のモル凝固点降下を 1.85 K·kg/mol とする。

(4) _____

知識

45.浸透圧●図のように，U字管の中央を半透膜で仕切り，(a)には純粋な水(純水)を，(b)にはグルコース水溶液を，同時に両方の液面が同じ高さになるように入れ，27℃に保って放置した。

(1) (a)，(b)いずれの液面が上昇するか。

(2) このグルコース水溶液は，1.2 g のグルコース $C_6H_{12}O_6$ を水に溶かして 200 mL にしたものである。この水溶液の液面を上昇させないために加える圧力(浸透圧)は何 Pa か。

(1) _____

(2) _____

知識

46.浸透圧と分子量の測定●あるタンパク質 0.059 g を溶かした水溶液 10 mL がある。この水溶液の浸透圧は，27℃で $2.1×10^2$ Pa であった。このタンパク質の分子量を求めよ。

知識

47.電解質水溶液の性質●次の(ア)～(エ)の物質をそれぞれ溶かした 0.10 mol/L 水溶液について，下の各問いに答えよ。ただし，電解質は完全に電離しているものとする。

　(ア) 尿素　　　　　(イ) 塩化ナトリウム
　(ウ) 塩化カルシウム　　(エ) 硫酸アルミニウム

(1) 水溶液の蒸気圧が最も低いものはどれか。記号で示せ。

(2) 水溶液の浸透圧が2番目に高いものはどれか。記号で示せ。

(1) _____

(2) _____

思考

48. 希薄溶液の性質●次の記述のうちから，誤りを含むものを1つ選べ。

（ア）　水1kgにグルコース0.1molを溶かした溶液の沸点は，水1kgに水酸化ナトリウム0.05molを溶かした溶液の沸点とほぼ等しい。

（イ）　水1kgにグルコース0.1molを溶かした溶液の凝固点は，水1kgにグルコース0.2molを溶かした溶液の凝固点よりも高い。

（ウ）　赤血球を純水に入れると，細胞膜が半透膜として働き，水分を失って縮む。

（エ）　漬物をつくるとき，野菜に食塩をふりかけておくと，野菜から水分が出る。

_____

知識

49. コロイド溶液の性質●次の記述に該当する現象や操作名を，下の①〜⑤から選べ。

(1)　デンプン水溶液に強い光をあてると，光の通路が輝いて見える。

(2)　水酸化鉄(Ⅲ)のコロイド溶液に直流電圧をかけると，コロイド粒子が陰極側に移動する。

(3)　限外顕微鏡で観察すると，コロイド粒子は不規則な運動をしている。

(4)　豆乳やゼラチン溶液に，多量の電解質を加えると，沈殿が生じる。

(5)　硫黄のコロイド溶液に，少量の電解質を加えると，沈殿が生じる。

①　塩析　　　　②　凝析　　　③　チンダル現象
④　ブラウン運動　　⑤　電気泳動

(1)　_____
(2)　_____
(3)　_____
(4)　_____
(5)　_____

知識

50. コロイド溶液●次の文を読み，下の各問いに答えよ。

　塩化鉄(Ⅲ)水溶液を沸騰水中に入れると，水酸化鉄(Ⅲ)のコロイド溶液を生じる。この溶液をセロハン袋に入れ，蒸留水中に浸しておくと前よりも純度の高い溶液が得られる。この操作を（　ア　）という。このとき，セロハン袋の外の水溶液は（　イ　）性を示す。操作後のコロイド溶液の一部をとり，少量の電解質水溶液を加えて放置すると沈殿が生じる。この現象を（　ウ　）といい，水酸化鉄(Ⅲ)のコロイドは（　エ　）コロイドといえる。水酸化鉄(Ⅲ)のコロイド溶液に直流電圧をかけると，コロイド粒子が陰極側に移動するので，このコロイドは（　オ　）に帯電していることがわかる。

純水　　糸　　水酸化鉄(Ⅲ)の
　　　　　　　　コロイド溶液

(1)　文中の（　）に適語を入れよ。

(2)　下線部について，同じモル濃度の次の電解質水溶液のうち，最も少量で沈殿を生じさせるものを選べ。

①　NaCl　　　　②　Na_2SO_4
③　$Ca(NO_3)_2$　　④　$CaCl_2$

(1)(ア)　_____
　(イ)　_____
　(ウ)　_____
　(エ)　_____
　(オ)　_____

(2)　_____

■■■■■■■■■■■■■■■■■■■■■■■■■■　［標｜準｜問｜題］　■■■■■■■■■■■■■■■■■■■■■■■■

51. 思考 **結晶の析出**◆硫酸銅（Ⅱ）$CuSO_4$の33℃の飽和水溶液100gを2℃まで冷却すると，何gの結晶が析出するか。ただし，硫酸銅（Ⅱ）の水に対する溶解度は，33℃で25，2℃で15であり，析出する結晶は$CuSO_4 \cdot 5H_2O$である。

52. 思考 **蒸気圧降下と沸点**◆図は，純粋な水，1kgの水に18gのグルコース$C_6H_{12}O_6$を溶かした水溶液，1kgの水に4.75gの塩化マグネシウム$MgCl_2$を溶かした水溶液の蒸気圧曲線を示したものである。次の各問いに答えよ。ただし，電解質は完全に電離しているものとする。

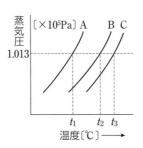

(1)　グルコース水溶液はA～Cのどれか。

(2)　沸点t_2が100.052℃であるとき，t_3は何℃か。

(1)＿＿＿＿＿＿＿＿

(2)＿＿＿＿＿＿＿＿

53. 思考 **浸透圧**◆3.6mgのグルコース$C_6H_{12}O_6$を含む水溶液100mLの浸透圧を，図のような装置を用い，30℃で測定した。水溶液および水銀の密度をそれぞれ1.0g/cm³，13.5g/cm³，$1.0 \times 10^5 Pa = 760 mmHg$，気体定数$8.3 \times 10^3$ Pa・L/(K・mol)として，次の各問いに答えよ。ただし，水溶液の濃度変化はないものとする。

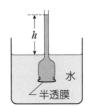

(1)　水溶液の浸透圧は何Paか。

(2)　液柱の高さhは何cmか。

(1)＿＿＿＿＿＿＿＿

(2)＿＿＿＿＿＿＿＿

第Ⅰ章　章末問題

1 **蒸気圧**◆蒸気圧(飽和蒸気圧)に関する次の問い(**a・b**)に答えよ。

a エタノール C_2H_5OH の蒸気圧曲線を図に示す。ピストン付きの容器に90℃で 1.0×10^5 Pa の C_2H_5OH が入っている。この気体の体積を90℃のままで5倍にした。その状態から圧力を一定に保ったまま温度を下げたときに凝縮が始まる温度を2桁の数値 $\boxed{1}$ $\boxed{2}$ ℃で表すとき，$\boxed{1}$ と $\boxed{2}$ に当てはまる数字を，次の①〜⓪のうちから1つずつ選べ。ただし，温度が1桁の場合には $\boxed{1}$ には⓪を選べ。また，同じものを繰り返し選んでもよい。

① 1　　② 2　　③ 3　　④ 4
⑤ 5　　⑥ 6　　⑦ 7　　⑧ 8
⑨ 9　　⓪ 0

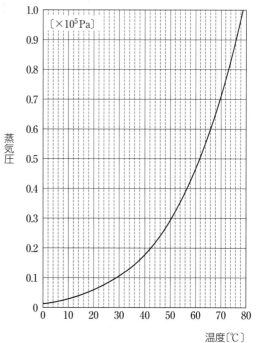

b 容積一定の 1.0 L の密閉容器に 0.024 mol の液体の C_2H_5OH のみを入れ，その状態を観測した。密閉容器の温度を0℃から徐々に上げると，ある温度で C_2H_5OH がすべて蒸発したが，その後も加熱を続けた。蒸発した C_2H_5OH がすべての圧力状態で理想気体としてふるまうとすると，容器内の気体の C_2H_5OH の温度と圧力は，図の点A〜Gのうち，どの点を通り

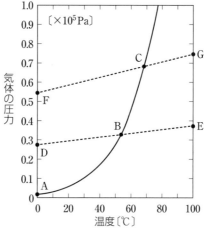

変化するか。経路として最も適当なものを，次の①〜⑤のうちから1つ選べ。ただし，液体状態の C_2H_5OH の体積は無視できるものとする。

① A→B→C→G　　② A→B→E
③ D→B→C→G　　④ D→B→E
⑤ F→C→G

2 **気体の溶解度**◆空気の水への溶解は，水中生物の呼吸(酸素の溶解)やダイバーの減圧症(溶解した窒素の遊離)などを理解するうえで重要である。$1.0×10^5$ Pa の N_2 と O_2 の溶解度(水1Lに溶ける気体の物質量)の温度変化を図1に示す。N_2 と O_2 の溶解に関する問い(**a**・**b**)に答えよ。

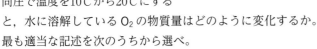

図1

a $1.0×10^5$ Pa で O_2 が 水20Lに接している。

同圧で温度を10℃から20℃にすると，水に溶解している O_2 の物質量はどのように変化するか。最も適当な記述を次のうちから選べ。

① $3.5×10^{-4}$ mol 減少する

② $7.0×10^{-3}$ mol 減少する

③ 変化しない

④ $3.5×10^{-4}$ mol 増加する

⑤ $7.0×10^{-3}$ mol 増加する

b 図2に示すように，ピストンの付いた密閉容器に水と空気(物質量比 $N_2:O_2=4:1$)を入れ，$5.0×10^5$ Pa の圧力を加えると，20℃で水と空気の体積はそれぞれ 1.0L，5.0L になった。次に，温度を一定に保ったままピストンを引き上げ，圧力を $1.0×10^5$ Pa にすると，水に溶解していた気体の一部が遊離した。このとき，遊離した N_2 の体積は0℃，$1.013×10^5$ Pa で何 mL か。最も近い数値を次のうちから1つ選べ。ただし，気体定数は $8.31×10^3$ Pa・L/(K・mol)とする。また，密閉容器内の N_2 と O_2 の物質量の変化と水の蒸気圧は，いずれも無視できるものとする。

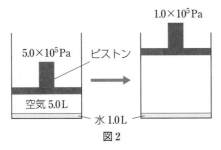

図2

① 13　　② 16　　③ 50　　④ 63　　⑤ 78

5 物質の変化と熱・光

■1 熱の出入りとエンタルピー変化

❶エンタルピー 圧力一定で物質のもつエネルギーを表す量。記号 H（単位：kJ）で表す。

❷エンタルピー変化 反応前後のエンタルピー H の変化量。記号 ΔH（単位：kJ）で表す。

一般に，25℃，1.013×10^5 Pa における，注目する物質 1 mol あたりの数値〔kJ/mol〕で表す。

（ア 　　　　）反応…熱を放出する反応（$\Delta H < 0$）　　　（イ 　　　　）反応…熱を吸収する反応（$\Delta H > 0$）

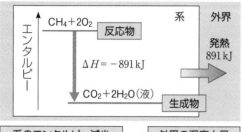

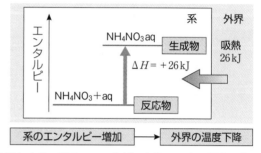

注 本書では，外界に発熱がおきた場合の熱量 Q を正の値とする。系のエンタルピー変化 ΔH と，反応に伴って出入りする熱量 Q の間には $\Delta H = -Q$ の関係がある。

❸エンタルピー変化の表し方 化学反応式に ΔH を添えた式を熱化学方程式という。熱化学方程式は熱化学反応式，エンタルピー変化を付した式ともよばれる。

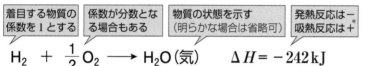

| 着目する物質の係数を 1 とする | 係数が分数となる場合もある | 物質の状態を示す（明らかな場合は省略可） | 発熱反応は－吸熱反応は＋* |

$$H_2 + \frac{1}{2}O_2 \longrightarrow H_2O(気) \qquad \Delta H = -242\,kJ$$

注 係数は各物質の物質量〔mol〕を表す。

＊＋は省略してもよい。

❹反応エンタルピー 化学反応におけるエンタルピー変化。

種類	反応エンタルピーの内容	反応例
（ウ 　　　）エンタルピー	物質 1 mol が完全燃焼するときのエンタルピー変化。必ず負。	$C(黒鉛) + O_2 \longrightarrow CO_2$　$\Delta H = -394\,kJ$
（エ 　　　）エンタルピー	物質 1 mol が成分元素の単体から生成するときのエンタルピー変化。	$C(黒鉛) + 2H_2 \longrightarrow CH_4$　$\Delta H = -75\,kJ$ $\frac{1}{2}N_2 + \frac{1}{2}O_2 \longrightarrow NO$　$\Delta H = +90\,kJ$
（オ 　　　）エンタルピー	中和反応で水 1 mol を生じるときのエンタルピー変化。必ず負。	$HClaq + NaOHaq \longrightarrow NaClaq + H_2O(液)$ $\Delta H = -56\,kJ$
（カ 　　　）エンタルピー	物質 1 mol が多量の水に溶解するときのエンタルピー変化。	$KNO_3(固) + aq \longrightarrow KNO_3aq$　$\Delta H = +35\,kJ$ $H_2SO_4(液) + aq \longrightarrow H_2SO_4aq$　$\Delta H = -95\,kJ$

aq（アクア）は多量の水を表す。

❺状態変化におけるエンタルピー変化

（キ 　　　）エンタルピー	物質 1 mol が融解するときのエンタルピー変化	$H_2O(固) \longrightarrow H_2O(液)$　$\Delta H = +6.0\,kJ(0℃)$
（ク 　　　）エンタルピー	物質 1 mol が蒸発するときのエンタルピー変化	$H_2O(液) \longrightarrow H_2O(気)$　$\Delta H = +41\,kJ(100℃)$
昇華エンタルピー	物質 1 mol が昇華するときのエンタルピー変化	$H_2O(固) \longrightarrow H_2O(気)$　$\Delta H = +50\,kJ(25℃)$

物質 1 mol が凝固，凝縮するときのエンタルピー変化を凝固エンタルピー，凝縮エンタルピーという。

解答
（ア）発熱 （イ）吸熱 （ウ）燃焼 （エ）生成 （オ）中和 （カ）溶解 （キ）融解 （ク）蒸発

❻**熱量の測定**　熱の出入りに伴う温度変化 Δt[K]を測定して熱量を求め，ΔH を求める。

$q=(^{ケ}\qquad\qquad)$　　q：熱量[J]，m：質量[g]，c：比熱[J/(g・K)]，Δt：温度変化[K]

注　Δt は温度上昇したときに正の値である。このとき，$q>0$ であり $\Delta H<0$ となる。

2 ヘスの法則とその利用

❶**ヘスの法則**　反応の最初と最後の状態が定まれば，全体のエンタルピー変化は反応の経路によらず一定。

❷**ヘスの法則の利用**　ヘスの法則を利用して，種々の反応の未知のエンタルピー変化を求めることができる。

〈例〉　一酸化炭素 CO の生成エンタルピー

$$C（黒鉛）+\frac{1}{2}O_2 \longrightarrow CO \quad \Delta H=\boxed{?}\,kJ$$

黒鉛Cの燃焼エンタルピー：$C（黒鉛）+O_2 \longrightarrow CO_2 \quad \Delta H=-394\,kJ$　……①

一酸化炭素 CO の燃焼エンタルピー：$CO+\frac{1}{2}O_2 \longrightarrow CO_2 \quad \Delta H=-283\,kJ$　……②

①−②から，　$C（黒鉛）+\frac{1}{2}O_2 \longrightarrow CO \quad \Delta H=(-394\,kJ)-(-283\,kJ)=(^{コ}\qquad\quad)kJ$

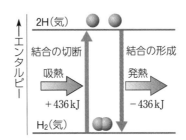

❸**生成エンタルピーの利用**　反応に関与する物質の$(^{サ}\qquad\qquad\qquad)$から，未知のエンタルピー変化 ΔH を求めることができる。

> $\Delta H=$（生成物の生成エンタルピーの総和）−（反応物の生成エンタルピーの総和）

〈例〉　エタノール C_2H_6O の燃焼エンタルピー

$$C_2H_6O（液）+3O_2 \longrightarrow 2CO_2+3H_2O（液） \quad \Delta H=\boxed{?}\,kJ$$

表の生成エンタルピーの値から，ΔH は，

$\Delta H=$（CO_2 の生成エンタルピー$\times 2+H_2O$（液）の生成エンタルピー$\times 3$）

　　　$-$（C_2H_6O（液）の生成エンタルピー*）

　　$=(-394\,kJ\times 2)+(-286\,kJ\times 3)-(-277\,kJ)$

　　$=(^{シ}\qquad\quad)kJ$

物質	生成エンタルピー
C_2H_6O（液）	$-277\,kJ/mol$
CO_2	$-394\,kJ/mol$
H_2O（液）	$-286\,kJ/mol$

＊反応物の O_2 の生成エンタルピーはその定義から 0 である。

3 結合エネルギーとその利用

❶**結合エネルギー（結合エンタルピー）**

気体状態の分子内の$(^{ス}\qquad\quad)$結合を切断して原子にするために必要なエネルギー。結合エネルギーは結合 6.0×10^{23} 個あたりのエネルギー[kJ/mol]で表される。結合を切断するときのエンタルピー変化は $\Delta H>0$ である。

〈例〉　H−H の結合エネルギー

$$H_2（気） \longrightarrow 2H（気） \quad \Delta H=+436\,kJ$$

結合	結合エネルギー
H−H	$436\,kJ/mol$
Cl−Cl	$243\,kJ/mol$
Br−Br	$194\,kJ/mol$
O=O	$498\,kJ/mol$
O−H	$463\,kJ/mol（H_2O）$
H−F	$570\,kJ/mol$
H−Cl	$432\,kJ/mol$
H−Br	$366\,kJ/mol$
N−H	$390\,kJ/mol（NH_3）$
C−H	$415\,kJ/mol（CH_4）$

解答
$(ケ)$ $mc\Delta t$　$(コ)$ -111　$(サ)$ 生成エンタルピー　$(シ)$ -1369　$(ス)$ 共有

❷結合エネルギーの利用　結合エネルギーから反応エンタルピー ΔH が求められる。

$$\Delta H = (\text{反応物の結合エネルギーの総和}) - (\text{生成物の結合エネルギーの総和})$$

〈例〉　水素 H_2 と塩素 Cl_2 から塩化水素 HCl を生じるときの変化

$H_2 + Cl_2 \longrightarrow 2HCl$　$\Delta H = \boxed{?}\,kJ$

H−H の結合エネルギー：$H_2 \longrightarrow 2H$　$\Delta H = +436\,kJ$

Cl−Cl の結合エネルギー：$Cl_2 \longrightarrow 2Cl$　$\Delta H = +243\,kJ$

H−Cl の結合エネルギー：$HCl \longrightarrow H + Cl$　$\Delta H = +432\,kJ$

したがって，ΔH は，

$\Delta H = \{(H-H) + (Cl-Cl)\} - (H-Cl) \times 2$

$\qquad = (436\,kJ + 243\,kJ) - 432\,kJ \times 2 = (^{(セ)}\qquad\quad)kJ$

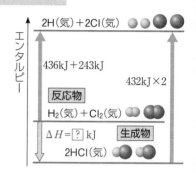

注 液体や固体が関わる反応の反応エンタルピーを求めるときは，結合エネルギーだけではなく，気体への状態変化に伴う蒸発エンタルピーや昇華エンタルピーも考慮する。

4 化学変化と光

❶化学発光（化学ルミネッセンス）　化学変化に伴って光が放出される現象。

〈例〉　ルミノール反応，ケミカルライト
　　　ルミノール反応は血痕(けっこん)の検出などに利用される。

生物発光…生物による化学発光　〈例〉　ホタルやオワンクラゲの発光

❷光化学反応　光を吸収しておこる反応。

〈例〉　ハロゲン化銀の($^{ソ}\qquad\quad$)（光による分解），水素と塩素の反応，光合成

($^{タ}\qquad\quad$)…植物が光を利用し，二酸化炭素と水から糖類などの有機化合物をつくる過程

$6CO_2 + 6H_2O \xrightarrow{\text{光}} C_6H_{12}O_6 + 6O_2$　$\Delta H = +2803\,kJ$

5 エントロピー

❶エントロピー　粒子の乱雑さを表す度合い。その変化量を ($^{チ}\qquad\quad$) ΔS という。一般に，物質は，エントロピー S の増大する向き（$\Delta S > 0$）に変化しやすい。

$\Delta S > 0$ の変化	$\Delta S < 0$ の変化
・拡散，気体の発生	・凝縮，凝固
・物質の混合	・気体の溶解
・固体の溶解	・沈殿の生成
・融解，蒸発，昇華	・物質の分離
・気体分子数の増加	・気体分子数の減少

❷反応の進む向き　一般に，反応は ($^{ツ}\qquad\quad$) の向き（$\Delta H < 0$）に進みやすく，より ($^{テ}\qquad\quad$) になる向き（$\Delta S > 0$）に進みやすい。

〈例〉　$NaOH(固) + aq \longrightarrow NaOHaq$　$\Delta H = -45\,kJ$

$\Delta H < 0$ であり，固体の溶解は $\Delta S > 0$ となる（ケース1）ので，この変化は自発的におこることがわかる。

ケース	ΔH	ΔS	反応のおこりやすさ
1	$\Delta H < 0$	$\Delta S > 0$	自発的におこる
2	$\Delta H < 0$	$\Delta S < 0$	低温で進みやすい
3	$\Delta H > 0$	$\Delta S > 0$	高温で進みやすい
4	$\Delta H > 0$	$\Delta S < 0$	自発的におこらない

注 **発展** 反応が自発的に進むかどうかは，ギブズエネルギー変化 ΔG を導入するとわかりやすい。ΔG は ΔH，絶対温度 T，ΔS を用いて，$\Delta G = \Delta H - T\Delta S$ と表される。$\Delta G < 0$ のときに反応は自発的に進む。ケース2，3の結果については，この式で考えるとわかりやすい。

解答 ··········
(セ) -185　(ソ) 感光　(タ) 光合成　(チ) エントロピー変化　(ツ) 発熱　(テ) 乱雑

ドリル ▶ 次の各問いに答えよ。

A 次の各反応のエンタルピー変化について答えよ。

(1) プロパン C_3H_8 の燃焼で 2219 kJ の発熱が観測された。この反応のエンタルピー変化は $\Delta H > 0$ か，$\Delta H < 0$ か。

(2) 硝酸カリウム KNO_3 が多量の水に溶けるとき，35 kJ の吸熱が観測された。この反応のエンタルピー変化は $\Delta H > 0$ か，$\Delta H < 0$ か。

(3) ある反応のエンタルピー変化は，$\Delta H = +90$ kJ であった。この反応は，発熱反応か，吸熱反応か。

A (1) _____

(2) _____

(3) _____

B 次のエネルギー図で示される反応は，発熱反応か，吸熱反応か，答えよ。

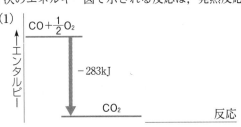

(1)

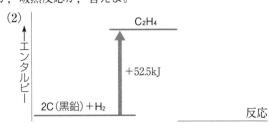

(2)

C 次の (1) ～ (4) の内容を熱化学方程式（エンタルピー変化を付した式）で表せ。ただし，生じる水は液体とする。

(1) メタン CH_4 の燃焼エンタルピー：-891 kJ/mol

(2) 一酸化炭素 CO の生成エンタルピー：-111 kJ/mol

(3) 塩化ナトリウム $NaCl$ の溶解エンタルピー：$+3.9$ kJ/mol

(4) 二酸化窒素 NO_2 の生成エンタルピー：$+33$ kJ/mol

D 次の (1) ～ (3) の式をエネルギー図で表せ。

(1) $C(黒鉛) + O_2(気) \longrightarrow CO_2(気)$　$\Delta H = -394$ kJ

(2) $KNO_3(固) + aq \longrightarrow KNO_3aq$　$\Delta H = +35$ kJ

(3) $H_2O(固) \longrightarrow H_2O(液)$　$\Delta H = +6.0$ kJ

(1)

(2)

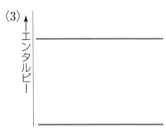

(3)

54. 反応エンタルピー●次の文中の( )に適当な語句や数値を記入せよ。

生成物のもつエンタルピーの総和から反応物のもつエンタルピーの総和を引いた値を(ア)という。化学反応において，反応物のもつエンタルピーの総和が生成物のもつエンタルピーの総和よりも大きい場合は(イ)反応，小さい場合は(ウ)反応となる。化学反応におけるエンタルピー変化は(エ)とよばれ，その値は注目する物質(オ)mol あたりで表される。

(ア) _____

(イ) _____

(ウ) _____

(エ) _____

(オ) _____

55. エンタルピー変化の表し方●次の(1)～(4)の内容を熱化学方程式(エンタルピー変化を付した式)で表せ。

(1) メタン CH_4 の生成エンタルピーは $\Delta H = -75\,kJ/mol$ である。

(2) プロパン C_3H_8 の燃焼エンタルピーは $\Delta H = -2219\,kJ/mol$ である。

(3) 氷の融解エンタルピーは $\Delta H = +6.0\,kJ/mol$ である。

(4) 0.20 mol の硝酸カリウム KNO_3 を水に溶かすと，7.0 kJ の熱が吸収される。

56. 反応エンタルピーの種類●次の(1)～(5)の式が表す反応エンタルピーの種類を答えよ。

(1) $2C(黒鉛) + 2H_2 \longrightarrow C_2H_4 \quad \Delta H = +52\,kJ$

(2) $CH_4O(液) + \frac{3}{2}O_2 \longrightarrow CO_2 + 2H_2O(液) \quad \Delta H = -726\,kJ$

(3) $\frac{1}{2}H_2SO_4aq + NaOHaq \longrightarrow \frac{1}{2}Na_2SO_4aq + H_2O(液) \quad \Delta H = -57\,kJ$

(4) $H_2SO_4(液) + aq \longrightarrow H_2SO_4aq \quad \Delta H = -95\,kJ$

(5) $CO_2(固) \longrightarrow CO_2(気) \quad \Delta H = +25\,kJ$

(1) _____

(2) _____

(3) _____

(4) _____

(5) _____

この節の反応は，すべて定圧条件のもとでの反応であるものとする。

57. [知識] **エタンの燃焼**●エタンの完全燃焼の式について，次の各問いに答えよ。

$$C_2H_6 + \frac{7}{2}O_2 \longrightarrow 2CO_2 + 3H_2O(液)　\Delta H = -1560\,kJ$$

(1)　0.25 mol のエタン C_2H_6 が完全燃焼したとき，外界に放出される熱量は何 kJ か。

(2)　外界に放出された熱量が 312 kJ のとき，生じた CO_2 は 0 ℃，1.013×10^5 Pa で何 L か。

(3)　外界に放出された熱量が 780 kJ のとき，生じた H_2O の質量は何 g か。

(1) _____

(2) _____

(3) _____

58. [知識] **発熱量**●次の各問いに答えよ。

(1)　マグネシウムの燃焼エンタルピーは −602 kJ/mol である。マグネシウム 1.2 g を完全燃焼させたとき，外界に放出される熱量は何 kJ か。

(2)　うすい塩酸とうすい水酸化ナトリウム水溶液の中和は，次式で表される。

$$HClaq + NaOHaq \longrightarrow NaClaq + H_2O(液)　\Delta H = -56\,kJ$$

0.10 mol/L の塩酸 500 mL と 0.10 mol/L の水酸化ナトリウム水溶液 500 mL とを混合させたとき，外界に放出される熱量は何 kJ か。

(1) _____

(2) _____

59. [思考] **混合気体の発熱量**●体積比で水素 H_2 50 % とメタン CH_4 50 % の混合気体が 0 ℃，1.013×10^5 Pa で 112 m^3 ある。次の各式を利用して，下の各問いに答えよ。

$$H_2 + \frac{1}{2}O_2 \longrightarrow H_2O(液)　\Delta H = -286\,kJ$$

$$CH_4 + 2O_2 \longrightarrow CO_2 + 2H_2O(液)　\Delta H = -891\,kJ$$

(1)　混合気体をすべて燃焼させるのに必要な酸素は，0 ℃，1.013×10^5 Pa で何 m^3 か。

(2)　混合気体をすべて燃焼させると，何 kJ の熱量が外界に放出されるか。

(3)　混合気体をすべて燃焼させると，何 kg の水が生じるか。

(1) _____

(2) _____

(3) _____

基本例題10　燃焼エンタルピーと水の比熱　　　　⇒問題60・61

メタン CH_4 の完全燃焼について次の各問いに答えよ。水の比熱は $4.2J/(g \cdot K)$ とする。

$$CH_4 + 2O_2 \longrightarrow CO_2 + 2H_2O(液)　\Delta H = -891kJ$$

(1)　0℃，$1.013 \times 10^5 Pa$ で 112L の体積を占める CH_4 を完全燃焼させると，放出される熱量は何 kJ か。

(2)　25℃の水 5.0kg を100℃にするには，CH_4 を何 mol 燃焼させればよいか。

■ 考え方

(1)　ΔH が負であることから，1 mol の CH_4 の燃焼で 891kJ の熱が放出されることがわかる。

(2)　$q = mc\Delta t$ を利用して，必要な熱量を求める。

■ 解答

(1)　0℃，$1.013 \times 10^5 Pa$ で 112L のメタン CH_4 は，

$$\frac{112L}{22.4L/mol} = 5.00mol$$

したがって，$891kJ/mol \times 5.00mol = 4455kJ$　　**$4.46 \times 10^3 kJ$**

(2)　水の温度上昇に必要な熱量 q[J]は，

$$q = mc\Delta t = 5.0 \times 10^3 g \times 4.2J/(g \cdot K) \times (100-25)K$$
$$= 1575 \times 10^3 J = 1575kJ$$

x[mol]の燃焼で放出される熱量は，$891kJ/mol \times x$[mol]なので，

$$891kJ/mol \times x[mol] = 1575kJ　　x = 1.76mol　　\textbf{1.8mol}$$

---

60. [知識] **水の加熱**●黒鉛を燃焼させて，水 1.0L の温度を 0℃から100℃まで上昇させるには，最低何 g の黒鉛が必要か。ただし，黒鉛の燃焼エンタルピーは $-394kJ/mol$，水の密度は $1.0g/cm^3$，比熱は $4.2J/(g \cdot K)$ とする。

---

61. [思考] **熱量の測定**●大型試験管に水を 50g 入れ，すばやく測りとった固体の水酸化ナトリウム 2.0g を加えてよくかき混ぜ，温度変化を調べた。図は，水溶液の温度を，時間とともに記録したものである。水溶液の比熱は $4.2J/(g \cdot K)$ とする。

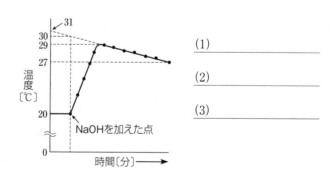

(1)　この実験から発熱量を求めるとき，図中のどの温度を反応後の温度として用いればよいか。

(2)　この実験で発生した熱量は何 kJ か。

(3)　水酸化ナトリウムの溶解エンタルピーは何 kJ/mol か。

(1)＿＿＿＿＿＿

(2)＿＿＿＿＿＿

(3)＿＿＿＿＿＿

例題
解説動画

知識

62. エネルギー図●エネルギー図を参照して，次の各問いに答えよ。

(1) 図中のBの変化におけるエンタルピー変化 $-283\,kJ$ は，次のどれに相当するか。

(ア) CO の燃焼エンタルピー

(イ) CO の生成エンタルピー

(ウ) CO_2 の生成エンタルピー

(2) 図から，Aの変化における反応エンタルピーを知ることができる。このとき利用する法則名を記せ。

(3) Aの変化を熱化学方程式(エンタルピー変化を付した式)で表せ。

(1) _____

(2) _____

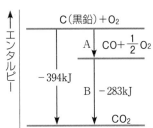

基本例題11　**ヘスの法則とエネルギー図**　　　　➡問題63·64·65

炭素(黒鉛)および一酸化炭素の燃焼エンタルピーは，$-394\,kJ/mol$，$-283\,kJ/mol$ である。次の式の反応エンタルピー ΔH を求めよ。

$$C(黒鉛)+CO_2 \longrightarrow 2CO \quad \Delta H=\boxed{?}\,kJ$$

■考え方

①各反応を式で表し，求める式中に存在する物質が残るように組み合わせる。

②エネルギー図を利用して，反応エンタルピーを求める。エネルギー図では，反応物，生成物のエンタルピーの大小を示し，反応の方向を示す矢印に ΔH の値を添える。

■解答

各反応エンタルピーは次式のように表される。

$$C(黒鉛)+O_2 \longrightarrow CO_2 \quad \Delta H_1=-394\,kJ \quad \cdots①$$

$$CO+\frac{1}{2}O_2 \longrightarrow CO_2 \quad \Delta H_2=-283\,kJ \quad \cdots②$$

$C(黒鉛)+CO_2 \longrightarrow 2CO$ となるように，①−②×2 を行うと，

$$C(黒鉛)+CO_2 \longrightarrow 2CO \quad \Delta H=+172\,kJ$$

■別解■　反応にかかわる物質をすべて書くことに注意して，エネルギー図を描く。図から，次のように求められる。

$\Delta H=283\,kJ×2-394\,kJ=+172\,kJ$

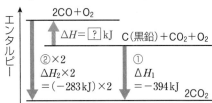

知識

63. ヘスの法則●次の式中の $\boxed{?}$ に適した数値を，下の①～③を用いて求めよ。

$$CH_4+H_2O(気) \longrightarrow CO+3H_2 \quad \Delta H=\boxed{?}\,kJ$$

$$2H_2+O_2 \longrightarrow 2H_2O(気) \quad \Delta H=-484\,kJ \quad \cdots①$$

$$2CO+O_2 \longrightarrow 2CO_2 \quad \Delta H=-566\,kJ \quad \cdots②$$

$$CH_4+2O_2 \longrightarrow CO_2+2H_2O(気) \quad \Delta H=-803\,kJ \quad \cdots③$$

例題
解説動画

H=1.0　O=16

思考

64. ヘスの法則●次の各式を用いて，下の各問いに答えよ。

$$H_2 + \frac{1}{2}O_2 \longrightarrow H_2O(液) \quad \Delta H = -286\,\mathrm{kJ}$$

$$H_2 + \frac{1}{2}O_2 \longrightarrow H_2O(気) \quad \Delta H = -242\,\mathrm{kJ}$$

$$C(黒鉛) + O_2 \longrightarrow CO_2 \quad \Delta H = -394\,\mathrm{kJ}$$

$$CH_4O(液) + \frac{3}{2}O_2 \longrightarrow CO_2 + 2H_2O(液) \quad \Delta H = -726\,\mathrm{kJ}$$

(1)　水の蒸発に伴うエンタルピー変化は，1.0 g あたり何 kJ か。

(2)　メタノール CH_4O(液)の生成エンタルピーは何 kJ/mol か。

(1) _____

(2) _____

知識

65. 生成エンタルピーと反応エンタルピー●二酸化炭素 CO_2，水 H_2O(液)，プロパン C_3H_8 の生成エンタルピーは，$-394\,\mathrm{kJ/mol}$，$-286\,\mathrm{kJ/mol}$，-107 kJ/mol である。

(1)　CO_2，H_2O(液)，C_3H_8 の生成エンタルピーを熱化学方程式(エンタルピー変化を付した式)でそれぞれ表せ。

CO_2：_____

H_2O(液)：_____

C_3H_8：_____

(2)　C_3H_8 の燃焼エンタルピーを x [kJ/mol] として，C_3H_8 の完全燃焼を表す熱化学方程式を記せ。

_____

(3)　C_3H_8 の燃焼エンタルピーは何 kJ/mol か。

(3) _____

思考

66. 化学反応と熱・光●次の各文中の下線部が誤っているものを 2 つ選び，正しい記述に改めよ。

(ア)　反応エンタルピーは，生成物のもつエンタルピーから反応物のもつエンタルピーを引いた値に相当し，前者が後者よりも大きいときは，<u>発熱反応</u>になる。

(イ)　化学反応に伴って，エネルギーの一部が光として放出される反応を<u>光化学反応</u>という。

(ウ)　吸熱反応がおこると，その周囲の温度が<u>下がる</u>。

(エ)　$H_2 + O_2 \longrightarrow H_2O_2$(液)　$\Delta H = -188\,\mathrm{kJ}$ で表される ΔH は，<u>液体の過酸化水素の生成エンタルピー</u>である。

(オ)　光合成では，<u>光を吸収</u>して，二酸化炭素と水から糖類と酸素がつくられる。

_____

_____

67. 化学反応と熱・エントロピー◉次の記述のうち，誤っているものを3つ選べ。

（ア）　大きい吸熱を伴う反応は，自然に進行しやすい。

（イ）　発熱反応では，物質のもつエンタルピーが減少する。

（ウ）　鉄は乾いた空気中で酸化されFe_2O_3になる。このとき，まわりから熱を吸収する。

（エ）　エントロピーが増大する反応，すなわち乱雑さが増す反応は，自然に進行しやすい。

（オ）　反応エンタルピーを直接測定することが困難な場合，ヘスの法則が利用される。

（カ）　2 mol の水素と1 mol の酸素から液体の水2 mol が生成する反応エンタルピーは，気体の水2 mol が生成するときの反応エンタルピーよりも，その絶対値は小さい。

■■■■■■■■■■■■■■■■■■■■■■■■■■ [標|準|問|題] ■■■■■■■■■■■■■■■■■■■■■■■■■■■■■■

68. 結合エネルギー◆メタンCH_4の生成エンタルピーは $-75\,kJ/mol$，黒鉛 C の昇華エンタルピーは $+721\,kJ/mol$，水素分子中の H-H の結合エネルギーは $436\,kJ/mol$ である。CH_4 中の C-H の結合エネルギーを求めよ。

69. 格子エネルギー◆NaCl の格子エネルギー[kJ/mol]は，図の ΔH で表され，ヘスの法則を利用して図の $A\sim E$ のエンタルピー変化から求められる。

（1）　NaCl(固)の生成エンタルピーは $A\sim E$ のうちのどれか。

（2）　D の変化に必要なエネルギーを何というか。

（3）　NaCl の格子エネルギーを求めよ。

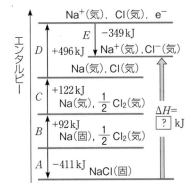

(1)

(2)

(3)

6 | 電池と電気分解

1 電池

❶**電池の構造** (^{ア}　　　　　　　)反応によって放出されるエネルギーを，電流による電気エネルギーとして取り出す装置を電池という。電池の両極間の電位差を電池の(^{イ}　　　　　　)という。

> (負極)M_1｜電解質溶液｜M_2(正極)…金属のイオン化傾向　$M_1 > M_2$

両極の反応：(^{ウ}　　　)極…金属M_1が陽イオンとなり，電極に電子を残す(酸化される)。
　　　　　　(^{エ}　　　)極…周囲にある酸化剤が，電極から電子を受け取る(還元される)。

❷**活物質**　正極と負極でそれぞれ反応する酸化剤，還元剤。
　負極活物質：極板の金属など　　正極活物質：金属の酸化物，溶液中の陽イオンなど

❸**電池の種類**　二次電池：充電して繰り返し使用できる。(^{オ}　　　　　)電池：充電できない。

種類	起電力	構造	負極(酸化)	正極(還元)
ボルタ電池❶	1 V	(−)Zn｜H_2SO_4aq❷｜Cu(+)	$Zn \longrightarrow Zn^{2+} + 2e^-$	$2H^+ + 2e^- \longrightarrow H_2$
(^{カ}　　　　)電池	1.1 V	(−)Zn｜$ZnSO_4aq$｜$CuSO_4aq$｜Cu(+)	$Zn \longrightarrow Zn^{2+} + 2e^-$	$Cu^{2+} + 2e^- \longrightarrow Cu$
乾電池(マンガン乾電池)❸ (一次電池)	1.5 V	(−)Zn｜$ZnCl_2aq$, NH_4Claq｜$MnO_2 \cdot C$(+)	$Zn \longrightarrow Zn^{2+} + 2e^-$	MnO_2 が e^- を受け取り $MnO(OH)$に変化する
(^{キ}　　　　)電池 (二次電池)	2.0 V	(−)Pb｜H_2SO_4aq｜PbO_2(+)	$Pb + SO_4^{2-}$ $\underset{充電}{\overset{放電}{\rightleftharpoons}}$ $PbSO_4 + 2e^-$	$PbO_2 + 4H^+ + SO_4^{2-} + 2e^-$ $\underset{充電}{\overset{放電}{\rightleftharpoons}}$ $PbSO_4 + 2H_2O$
(^{ク}　　　　)電池 (二次電池)	1.2 V	(−)$Pt \cdot H_2$｜H_3PO_4aq｜$O_2 \cdot Pt$(+)	$H_2 \longrightarrow 2H^+ + 2e^-$	$O_2 + 4H^+ + 4e^- \longrightarrow 2H_2O$
(^{ケ}　　　　　　) 電池 (二次電池)	3.7 V	負極活物質：$LiC_6$❹ 正極活物質：$Li_{1-x}CoO_2$❺ 電解質溶液：Li 塩を溶かした有機溶媒	LiC_6 $\underset{充電}{\overset{放電}{\rightleftharpoons}}$ $Li_{1-x}C_6 + xLi^+ + xe^-$	$Li_{1-x}CoO_2 + xLi^+ + xe^-$ $\underset{充電}{\overset{放電}{\rightleftharpoons}}$ $LiCoO_2 (0 < x < 0.5)$

❶ボルタ電池では，放電するとすぐに起電力が低下する。❷aq は多量の水を表す。
❸電解質に KOH を用いたものをアルカリマンガン乾電池という。
❹Li を含む黒鉛を指す。❺コバルト酸リチウム $LiCoO_2$ から一部の Li^+ が失われたものを指す。

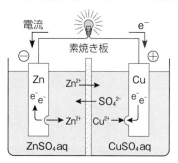

ダニエル電池
多孔質の素焼き板は，両液を混合しにくくしているが，電気的中性を保つため，イオンは通過できる。

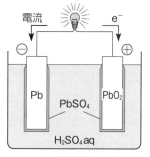

鉛蓄電池
放電すると，難溶性の硫酸鉛(Ⅱ)が両極に付着し，希硫酸がうすくなる。

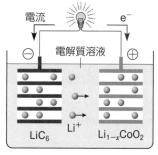

リチウムイオン電池
Li^+ が負極と正極の層を出入りするだけなので，充放電を繰り返しても電池が劣化しにくい。

解答
(ア)酸化還元　(イ)起電力　(ウ)負　(エ)正　(オ)一次　(カ)ダニエル　(キ)鉛蓄　(ク)燃料　(ケ)リチウムイオン

❷ 電気分解

❶電気分解（電解） 電解質水溶液や融解液に電極を入れて直流電流を通じ，(コ   )反応をおこす操作。電池の負極に接続した電極を(サ   )極，正極に接続した電極を(シ   )極という。

(ス   )極…電子を受け取る反応（還元）がおこる。

(セ   )極…電子を失う反応（酸化）がおこる。

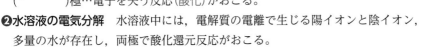

電流　正極｜負極 — e^-
陽極　陰極
電解質水溶液

❷水溶液の電気分解 水溶液中には，電解質の電離で生じる陽イオンと陰イオン，多量の水が存在し，両極で酸化還元反応がおこる。

(a) 白金電極または炭素電極を用いたときの変化（水溶液）

陽極		陰極	
含まれる陰イオン	変化（酸化）	含まれる陽イオン	変化（還元）
酸化のされやすさ　I^-　Br^-　Cl^-	$2I^- \longrightarrow I_2 + 2e^-$　$2Br^- \longrightarrow Br_2 + 2e^-$　$2Cl^- \longrightarrow Cl_2 + 2e^-$	還元のされやすさ　Ag^+　Cu^{2+}	$Ag^+ + e^- \longrightarrow Ag$　$Cu^{2+} + 2e^- \longrightarrow Cu$
OH^-	$4OH^- \longrightarrow 2H_2O + O_2 + 4e^-$	H^+	$2H^+ + 2e^- \longrightarrow H_2$
SO_4^{2-}, NO_3^-	水 H_2O が変化する。$2H_2O \longrightarrow O_2 + 4H^+ + 4e^-$	Al^{3+}, Mg^{2+}, Na^+, Ca^{2+}, K^+, Li^+	水 H_2O が変化する。$2H_2O + 2e^- \longrightarrow H_2 + 2OH^-$

(b) 陽極の変化

陽極に金や白金以外の金属（Ni, Cu, Ag など）を用いると，陽極自体が(ソ   )され，陽イオンとなって溶け出す。

〈例〉　$Cu \longrightarrow Cu^{2+} + 2e^-$　　　$Ag \longrightarrow Ag^+ + e^-$

❸電気分解における量的関係

(a) 電気量　1C：1A の電流を 1 秒[s]間流したときの電気量

$$Q[C] = i[A] \times t[s] \quad (C：クーロン　A：アンペア)$$

(b) (タ   )定数　電子 1 mol のもつ電気量の絶対値。9.65×10^4 C/mol

(c) 電気分解の法則（ファラデーの法則）

(1) 各電極で変化するイオンや物質の物質量は，流れた電気量に比例する。

(2) 同じ電気量で変化するイオンの物質量は，そのイオンの価数に反比例する。[*]

〈例〉　硝酸銀 $AgNO_3$ 水溶液の電気分解（陽極：白金 Pt，陰極：白金 Pt）　　[*]成り立たない反応も多い。

陰極，陽極における変化は，それぞれ次のように表される。

　　陰極：$Ag^+ + \underline{e^-} \longrightarrow \underline{Ag}$

　　陽極：$2H_2O \longrightarrow \underline{O_2} + 4H^+ + \underline{4e^-}$

3.86×10^5C の電気量が流れたとすると，このときの電子の物質量は，次のように求められる。

$$\frac{3.86 \times 10^5 \text{C}}{9.65 \times 10^4 \text{C/mol}} = 4.00 \text{mol}$$

したがって，4.00mol の電子 e^- が流れたので，陰極では Ag が(チ   )mol 析出する。また，陽極では O_2 が(ツ   )mol 発生し，H^+ が(テ   )mol生成する。

解答
(コ) 酸化還元　(サ) 陰　(シ) 陽　(ス) 陰　(セ) 陽　(ソ) 酸化　(タ) ファラデー　(チ) 4.00　(ツ) 1.00　(テ) 4.00

3 電気分解の応用

❶イオン交換膜法 塩化ナトリウム NaCl 水溶液を，陽イオン交換膜(陽イオンだけを通す膜)で仕切って電気分解すると，陰極側で純度の高い(^{ト})NaOH 水溶液が得られる。

陰極：$2H_2O + 2e^- \longrightarrow H_2 + 2OH^-$

陽極：$2Cl^- \longrightarrow Cl_2 + 2e^-$

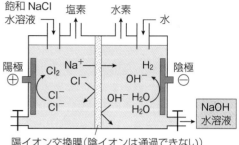

陽イオン交換膜(陰イオンは通過できない)

❷銅の電解精錬 粗銅(純度99%，金や銀，鉄，ニッケルなどを含む)を陽極，純銅を陰極にして，硫酸銅(Ⅱ)水溶液の電解を行うと，陰極に純銅(純度99.99%)が析出する。粗銅中の金や銀は溶解せず，陽極の下に沈殿する((^{ナ}))。粗銅中の鉄やニッケルは，イオンとなって溶け出し，水溶液中に残る。

陰極：$Cu^{2+} + 2e^- \longrightarrow Cu$

陽極：$Cu \longrightarrow Cu^{2+} + 2e^-$

     $Fe \longrightarrow Fe^{2+} + 2e^-$

     $Ni \longrightarrow Ni^{2+} + 2e^-$

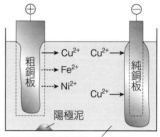

銅の電解精錬

❸アルミニウムの製錬 融解した(^{ニ})Na_3AlF_6 に酸化アルミニウム Al_2O_3 を溶かし，炭素を電極にして電解を行うと，陰極にアルミニウムが析出する((^{ヌ})(融解塩電解))。

陰極：$Al^{3+} + 3e^- \longrightarrow Al$

陽極：$C + O^{2-} \longrightarrow CO + 2e^-$

     $C + 2O^{2-} \longrightarrow CO_2 + 4e^-$

注 イオン化傾向が大きい金属の単体は，水溶液の電気分解では析出しない。

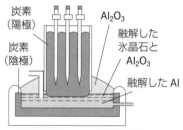

酸化アルミニウムの電気分解

解答
(ト) 水酸化ナトリウム　(ナ) 陽極泥　(ニ) 氷晶石　(ヌ) 溶融塩電解

基本問題

知識

70. 電池のしくみ●電解質水溶液に2種類の金属板を浸し，導線で結ぶと電池ができる。このとき，イオン化傾向が大きい方の金属が(ア)極となり，(ア)極では電子が放出される(イ)反応がおこる。放出された電子は導線を通り，もう一方の金属に移動する。イオン化傾向が小さい方の金属は(ウ)極となり，(ウ)極では電子を受け取る(エ)反応がおこる。

(1) 文中の( )に適当な語句を入れよ。

(2) 図の電池において，負極はどちらの金属板か。

(1)(ア) _____

(イ) _____

(ウ) _____

(エ) _____

(2) _____

基本例題12　ダニエル電池　→問題71・72

図のダニエル電池について，次の各問いに答えよ。

(1)　この電池の負極は，亜鉛板と銅板のどちらか。

(2)　両極でおこる変化を，電子 e^- を用いた反応式で表せ。

(3)　素焼き板を通って，硫酸銅(Ⅱ)水溶液から硫酸亜鉛水溶液の方に移動するイオンを化学式で表せ。

(4)　亜鉛板と硫酸亜鉛水溶液の代わりにニッケル板と硫酸ニッケル(Ⅱ)水溶液を用いた。起電力はどのようになるか。

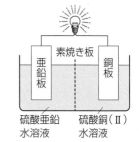

考え方

(1)　イオン化傾向の大きい金属が負極になる。

(3)　陽イオンは負極で増加し，正極で減少する。このとき，硫酸イオンが素焼き板を通り，負極に移動するため，電気的な中性が保たれる。

(4)　このような電池の電位差(起電力)は，電極の金属のイオン化傾向の差が大きいほど，大きくなる。

解答

(1)　イオン化傾向の大きさは Zn＞Cu なので，Zn が負極，Cu が正極となる。　　　　　**亜鉛板**

(2)　負極：$Zn \longrightarrow Zn^{2+} + 2e^-$　　正極：$Cu^{2+} + 2e^- \longrightarrow Cu$

(3)　素焼き板は，両水溶液を混合しにくくしているが，硫酸イオン SO_4^{2-} を負極側に，亜鉛イオン Zn^{2+} を正極側に通過させる。　　　　　　　　　SO_4^{2-}

(4)　イオン化傾向は Zn＞Ni＞Cu なので，Ni と Cu の電位差は，Zn と Cu の電位差よりも小さい。　　　　**小さくなる**

思考

71. ダニエル電池●次の各問いに答えよ。

(1)　放電時に負極および正極でおこる変化を，それぞれ電子 e^- を用いた反応式で表せ。

(2)　電流の向きは，図中のア，イのどちらか。

(3)　素焼き板を通って，ウの向きおよびエの向きに移動するイオンはそれぞれどれか。

①　Zn^{2+}　②　Cu^{2+}　③　SO_4^{2-}

(4)　硫酸亜鉛水溶液および硫酸銅(Ⅱ)水溶液の濃度を変えてつくった電池A～Dのうち，最も長く電流が流れるものはどれか。

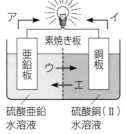

(1)負：＿＿＿＿＿＿＿

　　正：＿＿＿＿＿＿＿

(2)＿＿＿＿＿＿＿

(3)ウ：＿＿＿＿＿＿

　　エ：＿＿＿＿＿＿

(4)＿＿＿＿＿＿＿

水溶液	A	B	C	D
硫酸亜鉛水溶液　　[mol/L]	0.5	0.5	1	2
硫酸銅(Ⅱ)水溶液[mol/L]	0.5	2	1	0.5

思考

72. 電池の起電力●次の電池①～④のうちから，起電力が最も大きいものを

1つ選べ。ただし，電解質の濃度はすべて同じ(0.5mol/L)とする。　＿＿＿＿＿＿＿

①　$(-)Zn \,|\, ZnSO_4\,aq \,|\, FeSO_4\,aq \,|\, Fe(+)$

②　$(-)Zn \,|\, ZnSO_4\,aq \,|\, NiSO_4\,aq \,|\, Ni(+)$

③　$(-)Zn \,|\, ZnSO_4\,aq \,|\, CuSO_4\,aq \,|\, Cu(+)$

④　$(-)Ni \,|\, NiSO_4\,aq \,|\, CuSO_4\,aq \,|\, Cu(+)$

思考 **73. 鉛蓄電池**●次の文を読んで, 下の各問いに答えよ。

鉛蓄電池は, （　ア　）を負極, （　イ　）を正極として希硫酸に浸したもので, 自動車の電源などに広く使われている。

(1) （ア）, （イ）に適当な物質名を入れよ。

(2) 放電に伴う負極および正極での変化を電子 e^- を用いた反応式で表せ。

負極：

正極：

(3) 放電に伴う負極および正極での変化をまとめ, 化学反応式で表せ。

(4) 充電するとき, 外部電池の負極につなぐのは, 鉛蓄電池の正極か, 負極か。

(5) 充電するとき, 希硫酸の濃度はどのように変化するか。

(1)（ア）

　　　（イ）

(4)

(5)

思考 **74. 燃料電池**●図は, 水素と酸素を用いた燃料電池の模式図である。次の各問いに答えよ。

(1) 電池の両極のA, Bを導線でつなぐと放電する。このとき, A, Bのどちらが負極となるか。

(2) 放電時の負極および正極での変化を電子 e^- を用いた反応式で表せ。

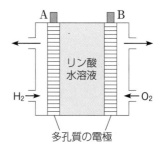

(1)

負極：　　　　　　　　　　　　　正極：

(3) 放電時の変化を, 1つの化学反応式で表せ。

思考 **75. 電池式**●電池(a)～(e)に関する次の各問いに答えよ。

(a) $(-)Zn\,|\,H_2SO_4aq\,|\,Cu(+)$

(b) $(-)Zn\,|\,ZnSO_4aq\,|\,CuSO_4aq\,|\,Cu(+)$

(c) $(-)Pb\,|\,H_2SO_4aq\,|\,PbO_2(+)$

(d) $(-)Zn\,|\,ZnCl_2aq,\ NH_4Claq\,|\,MnO_2\cdot C(+)$

(e) $(-)Pt\cdot H_2\,|\,H_3PO_4aq\,|\,O_2\cdot Pt(+)$

(1) 電池(a)～(e)の名称として, 正しいものを選べ。

　　（ア）　ボルタ電池　　　　　　（イ）　燃料電池
　　（ウ）　アルカリマンガン乾電池　（エ）　マンガン乾電池
　　（オ）　鉛蓄電池　　　　　　　（カ）　ダニエル電池

(2) 電池(a)～(c)のうち, 放電したときに正極の質量のみが増加するものを1つ選べ。

(1)(a)

　　(b)

　　(c)

　　(d)

　　(e)

(2)

76. 塩化銅(Ⅱ)水溶液の電気分解 知識 ●次の文中の(　　)に適する語句を記入せよ。

電気エネルギーを利用して, 酸化還元反応を引きおこす操作を電気分解という。電気分解において, 電池の負極に接続した電極を(　ア　)極, 正極に接続した電極を(　イ　)極という。(ア)極では, 電池から電子が流れこむので(　ウ　)反応がおこり, (イ)極では, 電子が流れ出るので(　エ　)反応がおこる。

たとえば, 炭素棒を電極として, 塩化銅(Ⅱ) $CuCl_2$ 水溶液に電流を通じると, (ア)極では(　オ　)が析出し, (イ)極では(　カ　)が発生する。

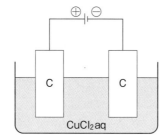

(ア) _____

(イ) _____

(ウ) _____

(エ) _____

(オ) _____

(カ) _____

77. 電気分解による変化 思考 ●表の電解質水溶液を電気分解した。各極でおこる変化を電子 e^- を用いた反応式で記せ。

電解質水溶液	陰極	変化	陽極	変化
(1)　希硫酸	Pt	(　ア　)	Pt	(　イ　)
(2)　水酸化ナトリウム水溶液	Pt	(　ウ　)	Pt	(　エ　)
(3)　硫酸銅(Ⅱ)水溶液	Pt	(　オ　)	Pt	(　カ　)
(4)　硫酸銅(Ⅱ)水溶液	Cu	(　キ　)	Cu	(　ク　)
(5)　ヨウ化カリウム水溶液	Pt	(　ケ　)	Pt	(　コ　)

(1)(ア) _____　　(イ) _____

(2)(ウ) _____　　(エ) _____

(3)(オ) _____　　(カ) _____

(4)(キ) _____　　(ク) _____

(5)(ケ) _____　　(コ) _____

$Ag = 108$

基本例題13 電気分解の量的関係　→問題78·79·80

白金電極を用いて，硫酸銅（Ⅱ）水溶液を 1.00 A の電流で32分10秒間電気分解を行った。次の各問いに答えよ。
(1) 各電極でおこる変化を，それぞれイオン反応式で表せ。
(2) 流れた電気量は，何 mol の電子に相当するか。
(3) 陽極に発生する気体は，0℃，$1.013×10^5$ Pa で何 L か。
(4) 水溶液の pH は大きくなるか，小さくなるか。

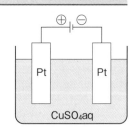

■考え方
(2) i[A]の電流を t[s]間通じると，流れる電気量は $i×t$ である。電子 1 mol のもつ電気量は $9.65×10^4$ C なので，流れた電子の物質量は
$\dfrac{i[A]×t[s]}{9.65×10^4 C/mol}$ である。
(3) 電子の物質量から変化する物質の生成量を求める。

■解答
(1) 陽極：$2H_2O \longrightarrow O_2+4H^++4e^-$　　陰極：$Cu^{2+}+2e^- \longrightarrow Cu$
(2) $\dfrac{1.00 A×(60×32+10)s}{9.65×10^4 C/mol}=\mathbf{2.00×10^{-2} mol}$
(3) 流れた電子 1 mol で O_2 が $\dfrac{1}{4}$ mol 発生するので，
$22.4 L/mol×\dfrac{1}{4}×2.00×10^{-2} mol=\mathbf{0.112 L}$
(4) 陽極では，水分子が電子を失う変化がおこり，H^+ を生じるので，$[H^+]$ が大きくなり，**pH は小さくなる。**

知識
78. 硝酸銀水溶液の電気分解 ●図のように，白金電極を用いて，硝酸銀 $AgNO_3$ 水溶液を 1.0 A の電流で 1 時間 4 分20秒間電気分解した。ファラデー定数を $9.65×10^4$ C/mol として，次の各問いに答えよ。
(1) 流れた電気量は何 C か。
(2) 流れた電気量は電子何 mol に相当するか。
(3) 各極での変化を電子 e^- を用いた反応式で表せ。

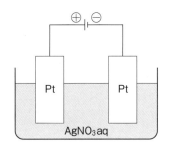

(1) _____
(2) _____

陰極：_____　　　　陽極：_____
(4) 陰極に析出する物質の質量は何 g か。
(5) 陽極に発生する気体の体積は 0℃，$1.013×10^5$ Pa で何 mL か。

(4) _____
(5) _____

例題
解説動画

79. [知識] **硫酸銅（Ⅱ）水溶液の電気分解**●白金電極を用いて，硫酸銅（Ⅱ）CuSO₄
水溶液を32分10秒間電気分解すると，陽極から0℃，1.013×10⁵Paで
336mLの気体が発生した。ファラデー定数は9.65×10⁴C/molとする。

(1)　各極での変化を電子e⁻を用いた反応式で表せ。

陰極：＿＿＿＿＿＿＿＿＿＿＿＿　　陽極：＿＿＿＿＿＿＿＿＿＿＿＿＿

(2)　流れた電気量は何Cか。また，流れた電流は何Aか。

(3)　このとき陰極に析出する物質は何gか。

(2)電気量：＿＿＿＿＿＿＿＿

電流：＿＿＿＿＿＿＿＿＿

(3)＿＿＿＿＿＿＿＿＿＿

80. [知識] **水酸化ナトリウム水溶液の電気分解**●白金電極を用いて，うすい水酸化
ナトリウム NaOH 水溶液を電気分解すると，陽極と陰極にそれぞれ気体が
発生し，その体積を合わせると，0℃，1.013×10⁵Paで6.72Lであった。フ
ァラデー定数を9.65×10⁴C/molとして，次の各問いに答えよ。

(1)　各極での変化を電子e⁻を用いた反応式で表せ。

陰極：＿＿＿＿＿＿＿＿＿＿＿＿　　陽極：＿＿＿＿＿＿＿＿＿＿＿＿＿

(2)　流れた電気量は何Cか。

(3)　この電気分解を2.00Aの電流で行うと，電流を何秒間通じる必要があ
るか。

(4)　この電気分解で発生した気体を混合し，完全に反応させたときに生じ
る物質の質量は何gか。

(2)＿＿＿＿＿＿＿＿＿

(3)＿＿＿＿＿＿＿＿＿

(4)＿＿＿＿＿＿＿＿＿

81. [思考] **直列電解**●図のような電解装置を組み立て，電解槽Ⅰに硫酸銅（Ⅱ）水溶
液，電解槽Ⅱに硫酸ナトリウム水溶液を入れた。この装置を用いて，電流を
10Aに保ちながら80分25秒間電気分解を行った。ファラデー定数を
9.65×10⁴C/molとして，次の各問いに答えよ。

(1)＿＿＿＿＿＿＿＿＿

(2)＿＿＿＿＿＿＿＿＿

(3)＿＿＿＿＿＿＿＿＿

(4)＿＿＿＿＿＿＿＿＿

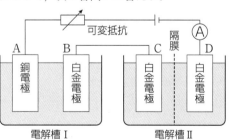

(1)　流れた電子は何 mol か。

(2)　電解槽Ⅰの電極Aにおいて，電気分解後の電極の質量変化[g]に最も近い値はどれか。

　（ア）−24　　　（イ）−16　　　（ウ）−8　　　（エ）±0

　（オ）＋8　　　（カ）＋16　　　（キ）＋24

(3)　電解槽Ⅱの電極Cで発生した気体は，0℃，1.013×10⁵Paで何Lか。

(4)　電気分解後の電解槽Ⅱにおける電極D付近の水溶液は，何性を示すか。

H=1.0 O=16 Na=23 Cu=64

82. [思考] **イオン交換膜法**●図は，陽極に炭素，陰極に鉄を用いたイオン交換膜法による水酸化ナトリウムの工業的製法を示したものである。この装置を用いて，3.0 A の電流を 9.0 時間通じて電気分解した。ファラデー定数を 9.65×10^4 C/mol として，次の各問いに答えよ。

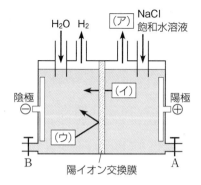

(1) 図中の(ア)～(ウ)に入れる化学式として最も適当なものを選べ。

	①	②	③	④
(ア)	O_2	Cl_2	O_2	Cl_2
(イ)	H^+	Cl^-	OH^-	Na^+
(ウ)	OH^-	H^+	Na^+	OH^-

(2) 水酸化ナトリウム水溶液は，図中の A，B のいずれから取り出せるか。

(3) 陰極における変化を電子 e^- を用いた反応式で示せ。また，発生する気体の 0℃，1.013×10^5 Pa における体積は何 L か。

反応式：

(4) 電気分解後の電解槽から得ることができる水酸化ナトリウムの質量は何 g か。

(1) _____

(2) _____

(3)体積： _____

(4) _____

83. [知識] **銅の電解精錬**●次の文中の（　）に金属名を入れ，下の問いに答えよ。

黄銅鉱を還元して得られる銅は粗銅とよばれ，亜鉛，鉄，金，銀のような不純物を含む。図のように，粗銅を陽極，純銅を陰極にして硫酸酸性硫酸銅(Ⅱ)水溶液を電気分解すると，粗銅から銅とともに（　ア　）や（　イ　）が陽イオンとなって溶け出すが，イオン化傾向が小さい（　ウ　）や（　エ　）は，陽極泥として沈殿する。また，陰極には，銅のみが析出する。

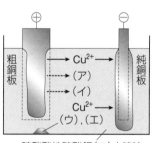

硫酸酸性硫酸銅(Ⅱ)水溶液

(問) 純銅 1.28 g を得るためには，何 C の電気量が必要か。ただし，流れた電流はすべて銅の溶解と析出に使われるものとする。また，ファラデー定数は 9.65×10^4 C/mol とする。

(ア) _____

(イ) _____

(ウ) _____

(エ) _____

(問) _____

H=1.0　O=16　Al=27　S=32　Cu=63.5　Pb=207

知識

84. アルミニウムの溶融塩電解●次の文を読み，各問いに答えよ。

　アルミニウムの単体は，次のような工程で製造される。まず，鉱石である（　ア　）から酸化アルミニウムを精製する。次に，加熱して融解させた（　イ　）に酸化アルミニウムを溶かし，図のように，炭素を電極に用いて溶融塩電解を行うと，（　ウ　）極でアルミニウムを生じる。

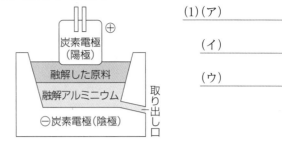

(1) 文中の（　）に適当な語句を入れよ。

(2) 両極でおこる変化を，e⁻ を用いた反応式で表せ。陽極は，反応式を 2 つ書くこと。

　陰極：_____

　陽極：_____

(3) $3.0×10^4$ A の電流を100時間通じて溶融塩電解を行うと，何 kg のアルミニウムが得られるか。ファラデー定数は $9.65×10^4$ C/mol とする。

(1)（ア）_____

　（イ）_____

　（ウ）_____

(3)_____

■■■■■■■■■■■■■■■■■■■■■■■■[標|準|問|題]■■■■■■■■■■■■■■■■■■■■■■■■

思考

85. 鉛蓄電池◆質量パーセント濃度が37%の電解液 100 g からなる鉛蓄電池を用いて，5.00 A の電流を32分10秒間放電した。ファラデー定数を $9.65×10^4$ C/mol として，次の各問いに有効数字 2 桁で答えよ。

(1) 放電後，正極の質量は，何 g 増加もしくは減少したか。

(2) 放電後の鉛蓄電池の電解液は何%となるか。

(1)_____

(2)_____

思考

86. 並列回路による電気分解◆硫酸銅(Ⅱ)水溶液の入った電解槽Aと，希硫酸の入った電解槽Bに，それぞれ白金電極を浸し，図のように並列につないで 500 mA の電流を30分間流した。このとき，電解槽Aの陰極の質量が 0.127 g 増加した。ファラデー定数を $9.65×10^4$ C/mol として，次の各問いに答えよ。ただし，電気分解によって発生する気体の水への溶解は無視してよい。

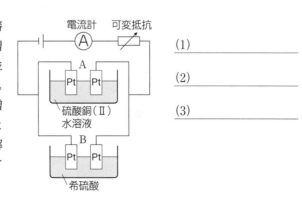

(1) 回路全体を流れた電気量は何Cか。

(2) 電解槽Aで流れた電気量は何Cか。

(3) 電解槽Bの両極で発生した気体の全体積は，0 ℃，$1.013×10^5$ Pa で何 mL か。

(1)_____

(2)_____

(3)_____

第Ⅱ章　物質の変化と平衡

53

7 | 化学反応の速さ

1 反応の速さ

❶反応の速さの表し方 単位時間あたりの(^{ア})のモル濃度の減少量，または(^{イ})のモル濃度の増加量で表す。

Δt 秒間に濃度が Δc〔mol/L〕変化するとき，反応速度 v は $\left|\dfrac{\Delta c}{\Delta t}\right|$〔mol/(L·s)〕。

〈例〉 $H_2+I_2 \longrightarrow 2HI$

H_2 の減少速度 $v_{H_2}=\left|\dfrac{\Delta c}{\Delta t}\right|=-\dfrac{c_2-c_1}{t_2-t_1}$

HI の増加速度 $v_{HI}=\left|\dfrac{\Delta c'}{\Delta t}\right|=\dfrac{c_2'-c_1'}{t_2-t_1}$

$v_{H_2}=v_{HI}\times\dfrac{1}{2}$

注 I_2 の減少速度も求めることができる。

❷反応速度式 反応速度と反応物の濃度の関係を表す式。

$$aA+bB \longrightarrow cC \qquad \boxed{v=k[A]^x[B]^y}$$

(k：(^{ウ})， $x+y$：反応の反応次数)

〈例〉 $2H_2O_2 \longrightarrow 2H_2O+O_2 \qquad v=k[H_2O_2]$ （一次反応）

$H_2+I_2 \longrightarrow 2HI \qquad v=k[H_2][I_2]$ （二次反応）

注 ・反応速度定数は，一般に温度が 10 K 上昇すると 2〜3 倍になる。
　・x や y の値は実験によって求められ，化学反応式の係数に必ずしも一致しない。

● **多段階反応** 発展 化学反応には，反応物から生成物にいたる過程をいくつかの個々の反応(素反応)に分けて考えることができるものがある。2 段階以上の反応過程からなる反応を多段階反応という。多段階反応において，全反応の速さは最も遅い素反応の段階に支配される。このような段階を律速段階という。

〈例〉 $2N_2O_5 \longrightarrow 4NO_2+O_2 \qquad$ 反応速度式 $v=k[N_2O_5]$ （一次反応）

$$\left\{\begin{array}{l}\text{段階 1} \quad N_2O_5 \longrightarrow N_2O_3+O_2 \quad \text{（最も遅い素反応）…律速段階}\\ \text{段階 2} \quad N_2O_3 \longrightarrow NO+NO_2 \quad \text{（速い素反応）}\\ \text{段階 3} \quad N_2O_5+NO \longrightarrow 3NO_2 \quad \text{（速い素反応）}\end{array}\right.$$

❸反応の速さと活性化エネルギー

一般に，化学反応は，エネルギーの高い(^{エ})状態を経て進行する。遷移状態になるのに必要なエネルギーを(^{オ})E_a といい，反応ごとに固有の値をとる。

活性化エネルギー ─┬─小→反応の速さ（^{カ} ）
　　　　　　　　　 └─大→反応の速さ（^{キ} ）

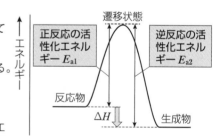

注 可逆反応(正逆どちらの向きにも進む反応)において，反応物のエネルギーが生成物のエネルギーよりも大きいとき，$E_{a1}<E_{a2}$ なので，正反応の方がおこりやすい。

2 反応の速さを変える条件

❶反応の速さを変える種々の条件

条件	反応速度の変化	おもな理由
濃度 圧力	濃度が大きくなると(^{ク}) （気体の場合は圧力）	単位時間あたりの粒子の衝突 回数の増加
温度	高温になると(^{ケ}) （10K 上昇するごとに 2～3 倍）	遷移状態になりうる粒子の数 の増加
触媒	触媒によって(^{コ})	活性化エネルギーの小さい別 の経路を経て反応が進行

（その他の条件）　固体の表面積，光など

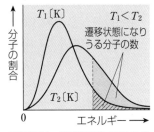

高温では，遷移状態になりうる
分子が増える。

❷触媒　
反応の速さを大きくするが，反応の前後でそれ自身は変化
しない物質。触媒を用いると，活性化エネルギーの小さい別の経
路を経て反応が進行する。このとき，(^{サ})
ΔH は変化しない。

〈例〉　$2H_2O_2 \longrightarrow 2H_2O + O_2$　（触媒 MnO_2）

(a)　(^{シ})触媒…反応物と均一に混じり合って作用する
　　触媒。

(b)　(^{ス})触媒…反応物と混じり合わず，おもにその
　　表面で作用する触媒。

(c)　(^{セ})…生物の体内で触媒として働くタンパク質。

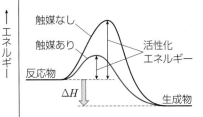

【解答】
（ク）大きくなる　（ケ）大きくなる　（コ）大きくなる　（サ）反応エンタルピー　（シ）均一　（ス）不均一　（セ）酵素

|基|本|問|題|

87. 過酸化水素の分解速度 ●$1.00\,mol/L$ の過酸化水素水 $10\,mL$ に酸化マン
ガン(Ⅳ)の粉末を少量加えると，過酸化水素は分解し，酸素が発生した。反
応中の過酸化水素水の体積は変化しないものとして，次の各問いに答えよ。

　　　　$2H_2O_2 \longrightarrow 2H_2O + O_2$

(1)　過酸化水素の分解する速さは，酸素の発生する速さの何倍か。

(2)　反応開始から60秒間に発生した酸素は，$1.5 \times 10^{-3}\,mol$ であった。反応
　　開始から60秒後の過酸化水素のモル濃度は何 mol/L か。

(3)　反応開始から60秒までの間の過酸化水素の平均分解速度は何 $mol/(L \cdot s)$
　　か。

(1) _____

(2) _____

(3) _____

A+B ⟶ C で表される気体反応がある。この反応について，次の(ア)～(ウ)の実験事実が得られた。下の各問いに答えよ。

　(ア)　25℃で，Aのモル濃度を2倍にすると，Cの生成速度は2倍になる。

　(イ)　25℃で，Bのモル濃度を2倍にしても，Cの生成速度は2倍になる。

　(ウ)　温度を10K上げるごとに，Cの生成速度は3倍になる。

(1)　A，Bのモル濃度をそれぞれ[A]，[B]，反応速度定数を k として，Cの生成速度 v を反応速度式で表せ。

(2)　25℃で，反応容器を圧縮して全圧を3倍にすると，Cの生成速度は何倍になるか。

(3)　この反応で，温度を30K上昇させると，Cの生成速度は何倍になるか。

■ 考え方

(1)　反応速度式 $v=k[A]^x[B]^y$ について，x，y を求める。

(2)　全圧が3倍になると，各物質のモル濃度が3倍になる。

(3)　反応の速さは，10Kごとに3倍ずつ速くなる。

■ 解答

(1)　v は[A]，[B]それぞれに正比例しているので，$x=y=1$ である。
$$v=k[A][B]$$

(2)　[A]も[B]も3倍になるので，3×3=**9倍**

(3)　10K上昇後の速さは3倍になり，さらに10K上昇すると，その3倍の3×3=9倍になる。したがって，30K上昇すると，3×3×3=**27倍**

[知識]

88. 反応の速さと濃度●反応物AとBから生成物Cを生成する反応がある。

　25℃では，Cの生成速度 v は，Aのモル濃度[A]だけを2倍にすると2倍に，Bのモル濃度[B]だけを $\frac{1}{2}$ 倍にすると $\frac{1}{4}$ 倍になった。次の各問いに答えよ。

(1)　v の単位を記せ。ただし，時間の単位は分[min]とする。

(2)　反応速度定数を k として，v と[A]および[B]との関係を表す反応速度式を示せ。

(3)　[A]と[B]をいずれも3倍にすると，v は何倍になるか。

(1)	
(2)	
(3)	

[知識]

89. 反応の速さとエネルギー●次の文中の(　)に最も適当な語句を記せ。

　2種の物質A，Bが反応するとき，反応の速さは，A，B両分子の単位時間あたりの(　ア　)回数が多いほど大きくなる。しかし，(ア)した分子がすべて反応するわけではなく，反応がおこるためには，ある値以上のエネルギーをもった分子どうしの(ア)が必要である。このように，反応をおこすために必要な最小のエネルギーを(　イ　)という。

　温度を高くすると，反応の速さは(　ウ　)くなる。これは，温度上昇によって，遷移状態になりうる分子の割合が増えるためである。また，(　エ　)を用いると，(イ)が(　オ　)い別の経路を経て反応が進行するため，反応の速さは大きくなる。

(ア)	
(イ)	
(ウ)	
(エ)	
(オ)	

例題
解説動画

90. 知識 **反応の速さを変える条件**●次の(1)〜(4)は，反応の速さと関係のある事項を示している。それぞれについて，最も関係の深いものを下の(ア)〜(オ)から選べ。

(1) 過酸化水素水は低温で保存する。

(2) うすい過酸化水素水を皮膚につけても特に変化がみられないが，傷口につけると激しく発泡する。

(3) 1 mol/L の塩酸と酢酸水溶液にそれぞれ亜鉛の小片を入れると，塩酸の方が激しく水素を発生する。

(4) 硝酸は，褐色びん中に保存する。

(ア) 濃度　　(イ) 温度　　(ウ) 光　　(エ) 触媒　　(オ) 圧力

(1) _____

(2) _____

(3) _____

(4) _____

91. 思考 **反応の速さと温度**●反応の速さと温度の関係について，次の各問いに答えよ。

(1) 一般に，温度が 10 K 上昇すると，反応の速さは数倍になるといわれている。温度の上昇によって，反応の速さが大きくなるのはなぜか。

_____

(2) 温度が 10 K 上昇するごとに，反応の速さが 2 倍になる化学反応がある。この反応を10℃で行ったところ，反応終了までに20分要したとすると，40℃で行ったときでは，反応終了までに要する時間は何分か。

(2) _____

基本例題15　反応のエネルギー変化　　　　　　　　　　　　　　　⇒問題 92

図は，水素と酸素から水が生成する反応について，エネルギーの変化を表したものである。次の各問いに答えよ。

(1) 図中のXで示される状態を何というか。

(2) 水が分解して水素と酸素になるときの活性化エネルギーを，図中の a，b を用いて表せ。

(3) 触媒を用いてこの反応を行うと，反応の速さは著しく大きくなった。このとき，図中の a，b の値は，それぞれどのようになるか。次の(ア)〜(ウ)からそれぞれ選べ。

(ア) 大きくなる　　(イ) 変わらない　　(ウ) 小さくなる

■ 考え方

(1) エネルギーの高い，不安定な状態で，遷移状態という。

(2) 出発物質とX点とのエネルギー差が活性化エネルギーである。

(3) a は水を生じる反応の活性化エネルギー，b は反応エンタルピーである。

■ 解答

(1) **遷移状態**

(2) H_2O の状態とX点とのエネルギー差になる。　**$a+b$**

(3) 触媒を用いると，反応は活性化エネルギーの小さい別の経路を通って進行するが，反応エンタルピーは変わらない。　　　　**a-(ウ)，b-(イ)**

92. 反応とエネルギー●図1は，
触媒のない状態での，ある反応
の進行度とエネルギーの関係を
示している。次の各問いに答え
よ。

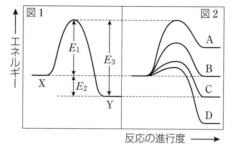

図1　図2

(1)　図1中のエネルギー差 E_1
　　 ～ E_3 に該当するものを下の
　　 ①～③から選べ。
　　 ①　正反応($X \to Y$)の活性化エネルギー
　　 ②　逆反応($Y \to X$)の活性化エネルギー
　　 ③　反応エンタルピー
(2)　図2に示した反応に伴うエネルギー変化A～Dのうち，触媒を加えて
　　 この反応を行った場合の進行度とエネルギーの関係として適切なものを選
　　 べ。
(3)　断熱性の反応容器の中で反応させた場合，反応が進むにつれて，この化
　　 学反応の速さはどのようになると考えられるか。理由とともに述べよ。

(1) E_1 ＿＿＿＿＿＿

　　 E_2 ＿＿＿＿＿＿

　　 E_3 ＿＿＿＿＿＿

(2) ＿＿＿＿＿＿

93. 触媒●触媒に関する次の各問いに答えよ。
(1)　次の記述のうちから，正しいものを2つ選べ。
　　 （ア）　触媒は，反応の前後でそれ自身変化することがある。
　　 （イ）　触媒には，反応の反応エンタルピーを小さくする働きがある。
　　 （ウ）　触媒には，反応の速さを増大させる働きがある。
　　 （エ）　触媒には，反応の活性化エネルギーを低下させる働きがある。
(2)　過酸化水素の分解反応に用いられる次の触媒（ア），（イ）は均一触媒か，
　　 不均一触媒か，それぞれ答えよ。
　　 （ア）　酸化マンガン(Ⅳ)　　　（イ）　塩化鉄(Ⅲ)水溶液

(1) ＿＿＿＿＿＿

(2)（ア）＿＿＿＿＿＿

　（イ）＿＿＿＿＿＿

94. 反応の速さ●化学反応に関する次の記述のうち，誤っているものを2つ
選べ。
（ア）　反応物の粒子が衝突しても，必ず反応がおこるとは限らない。
（イ）　一般に，反応物の粒子の衝突回数が多いほど，反応速度は大きい。
（ウ）　一般に，一定温度における反応速度は，反応物の濃度には関係しない。
（エ）　化学反応を進行させるには，活性化エネルギー以上のエネルギーが必
　　　　要である。
（オ）　活性化エネルギーが大きいほど，反応速度は大きい。
（カ）　化学反応の反応エンタルピーは，触媒を加えても変化しない。

思考

95. 反応速度式◆A＋B ── C で表される反応がある。AとBの濃度を変えて，それぞれその瞬間の反応速度を求め，表のような結果を得た。

実験	[A] [mol/L]	[B] [mol/L]	v [mol/(L·s)]
1	0.30	1.20	3.6×10^{-2}
2	0.30	0.60	9.0×10^{-3}
3	0.60	0.60	1.8×10^{-2}

(1) A，Bのモル濃度をそれぞれ[A]，[B]，反応速度定数をkとして，Cの生成速度vを反応速度式で表せ。

(2) ［A］＝0.40 mol/L，［B］＝0.90 mol/L のときの瞬間の反応速度を求めよ。

(1) _____

(2) _____

思考

96. 五酸化二窒素の分解速度◆体積一定のもと，温度を 320 K に保ち，五酸化二窒素の分解反応を行った実験データを表に示す。

時間 t [min]	濃度 [N$_2$O$_5$] [mol/L]	平均の反応速度 $v\left[\dfrac{mol/L}{min}\right]$	平均の濃度 $\overline{[N_2O_5]}$ [mol/L]	$\dfrac{v}{\overline{[N_2O_5]}}$
0	5.01	(a)	4.61	(c)
4	4.20	0.17	(b)	(d)
8	3.52			

五酸化二窒素は次のように分解するものとして，下の各問いに答えよ。

$$2N_2O_5 \longrightarrow 4NO_2 + O_2$$

(1) 表の(a)〜(d)に適当な数値を記せ。

(2) (c)と(d)がほぼ一定であることから，この反応の反応速度式は $v=k\overline{[N_2O_5]}$ と表すことができる。反応速度定数kの値を表の平均値から求め，単位とともに記せ。

(1) (a) _____

(b) _____

(c) _____

(d) _____

(2) _____

8 | 化学平衡と平衡移動

1 可逆変化と平衡移動

❶可逆反応 正・逆いずれの方向にも進む反応。

❷化学平衡の状態(平衡状態)

化学反応において,正反応の速さと逆反応の速さが(^{ア}　　　　)なった状態。

見かけ上,反応の進行が停止し,反応物と生成物が共存。

〈例〉 $H_2 + I_2 \underset{v_2}{\overset{v_1}{\rightleftharpoons}} 2HI$　平衡時 $v_1 = v_2$

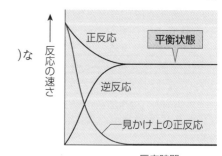

2 平衡の量的関係と平衡移動

❶平衡の量的関係

反応の前後で次の量的関係が成立。

(a) 反応量 x

	N_2O_4	$\rightleftharpoons$	$2NO_2$	
はじめ	n		0	[mol]
変化量	$-x$		$+2x$	[mol] 合計
平衡時	(^{イ}　)		(^{ウ}　)	[mol] $n+x$

(b) 解離度 α^{*}

	N_2O_4	$\rightleftharpoons$	$2NO_2$	
はじめ	n		0	[mol]
変化量	$-n\alpha$		$+2n\alpha$	[mol] 合計
平衡時	(^{エ}　)		(^{オ}　)	[mol] (^{カ}　　)

$$*\text{解離度}\ \alpha = \frac{\text{解離した物質の物質量}}{\text{はじめの物質の物質量}}$$

❷化学平衡の法則(質量作用の法則)

平衡状態では,次の関係式が成立。

$$a A + b B \rightleftharpoons c C + d D \quad (a,\ b,\ c,\ d\ \text{は係数})$$

(a) 平衡定数 $K = \left(\overset{\text{キ}}{\phantom{\frac{XXX}{XXX}}}\right) = $ 一定 (温度一定)　　[ ]…各物質の平衡時のモル濃度

平衡定数 K は K_c とも表され,濃度平衡定数ともよばれる。

(b) 圧平衡定数 $K_p = \dfrac{p_C{}^c \cdot p_D{}^d}{p_A{}^a \cdot p_B{}^b} = $ 一定 (温度一定)　　p…各物質(気体)の平衡時の分圧

・K_p と K の関係…$K_p = K \times (RT)^{(c+d)-(a+b)}$

・発熱反応では高温ほど K は(^{ク}　　　　)なり,吸熱反応では高温ほど K は(^{ケ}　　　　)なる。

(c) 固体が関与する反応 固体が関与する反応では,固体の量は平衡に影響を与えないので,平衡定数は気体や液体の濃度だけで表される。

〈例〉 $C(固) + CO_2(気) \rightleftharpoons 2CO(気)$　　$K = \dfrac{[CO]^2}{[CO_2]}$ [mol/L]

解答 ....

(ア) 等しく　(イ) $n-x$　(ウ) $2x$　(エ) $n(1-\alpha)$　(オ) $2n\alpha$　(カ) $n(1+\alpha)$　(キ) $\dfrac{[C]^c[D]^d}{[A]^a[B]^b}$　(ク) 小さく
(ケ) 大きく

❸平衡移動 平衡状態において，濃度，圧力，温度などを変化させると，その影響を(^{コ} 　　　　　)向きに反応が進み，新しい平衡状態に達する((^{サ} 　　　　　　　　)の原理)。

可逆反応	$N_2(気)+3H_2(気) \rightleftharpoons 2NH_3(気)$ 　　$\Delta H = -92\,kJ$*		
条件変化		平衡移動の向き	
濃度	NH_3 を加える	NH_3 濃度が(^{シ} 　　　)する向き＝NH_3 が分解する向き	←
	NH_3 を取り除く	NH_3 濃度が(^{ス} 　　　)する向き＝NH_3 が生成する向き	→
圧力 (体積)	圧力増加(体積減少)	圧力が減少する向き＝気体分子が(^{セ} 　　　)する向き	→
	圧力減少(体積増加)	圧力が増加する向き＝気体分子が(^{ソ} 　　　)する向き	←
温度	加熱する	温度が低下する向き＝(^{タ} 　　　)反応の向き	←
	冷却する	温度が上昇する向き＝(^{チ} 　　　)反応の向き	→

＊右向きの変化の ΔH を示している。左向きの変化の ΔH は ＋92kJ となる。

注 触媒は反応の速さ(平衡に達するまでの時間)を変えるだけで，平衡移動には関係しない。

3 電離平衡

❶水のイオン積 K_w と pH 一定温度では，水溶液中の水素イオン濃度[H^+]と水酸化物イオン濃度[OH^-]の積は，水溶液の性質に関係なく常に一定。

$$K_w = (^ツ 　　　　　　　　) = 1.0 \times 10^{-14}\,(mol/L)^2 \quad (25℃)$$

[H^+] $= b \times 10^{-a}$ mol/L のとき，　　$\boxed{pH = -\log_{10}[H^+] = a - \log_{10} b}$

❷電離平衡 電解質の電離で生じたイオンと，電離していない電解質との間に成立する平衡。この反応の平衡定数を(^{テ} 　　　　　)という。

〈例〉 c[mol/L]の弱酸・弱塩基の電離平衡

電離平衡 はじめ 平衡時	$CH_3COOH \rightleftharpoons CH_3COO^- + H^+$ $\quad c \qquad\qquad 0 \qquad\quad 0$ [mol/L] $\quad c(1-\alpha) \qquad c\alpha \qquad c\alpha$ [mol/L]	$NH_3 + H_2O \rightleftharpoons NH_4^+ + OH^-$ $\quad c \qquad\qquad\qquad 0 \qquad\quad 0$ [mol/L] $\quad c(1-\alpha) \qquad\qquad c\alpha \qquad c\alpha$ [mol/L]
電離定数	$K_a = \dfrac{[CH_3COO^-][H^+]}{[CH_3COOH]} = c\alpha^2$*[mol/L]	$K_b = \dfrac{[NH_4^+][OH^-]}{[NH_3]} = c\alpha^2$*[mol/L]
電離度と イオン濃度	$\alpha = \sqrt{\dfrac{K_a}{c}}$, [$H^+$] $= \sqrt{cK_a}$ [mol/L]	$\alpha = \sqrt{\dfrac{K_b}{c}}$, [$OH^-$] $= \sqrt{cK_b}$ [mol/L]

＊$K_a(K_b) = \dfrac{c\alpha \times c\alpha}{c(1-\alpha)} = \dfrac{c\alpha^2}{1-\alpha} = c\alpha^2$ ($\alpha \ll 1$ のとき，$1-\alpha = 1$ とみなせる)

❸塩の加水分解 弱酸と強塩基または弱塩基と強酸からなる塩の水溶液は，電離で生じた弱酸のイオンまたは弱塩基のイオンが水と反応(加水分解)して，それぞれ塩基性または酸性を示す。

●**加水分解定数** **発展** 加水分解反応における平衡定数を，加水分解定数 K_h という。

〈例〉 弱酸と強塩基，弱塩基と強酸からなる塩の水溶液(c[mol/L])の加水分解

塩(液性)	酢酸ナトリウム CH_3COONa(塩基性)	塩化アンモニウム NH_4Cl(酸性)
加水分解	$CH_3COO^- + H_2O \rightleftharpoons CH_3COOH + OH^-$	$NH_4^+ + H_2O \rightleftharpoons NH_3 + H_3O^+$
加水分解定数	$K_h = \dfrac{[CH_3COOH][OH^-]}{[CH_3COO^-]} = \dfrac{K_w}{K_a}$*[mol/L]	$K_h = \dfrac{[NH_3][H^+]}{[NH_4^+]} = \dfrac{K_w}{K_b}$ [mol/L]
イオン濃度	[OH^-] $= \sqrt{cK_h}$ [mol/L]	[H^+] $= \sqrt{cK_h}$ [mol/L]

＊$K_h = \dfrac{[CH_3COOH][OH^-]}{[CH_3COO^-]} = \dfrac{[CH_3COOH][OH^-] \times [H^+]}{[CH_3COO^-] \times [H^+]} = \dfrac{1}{K_a} \times K_w = \dfrac{K_w}{K_a}$

解答
(コ) やわらげる 　(サ) ルシャトリエ 　(シ) 減少 　(ス) 増加 　(セ) 減少 　(ソ) 増加 　(タ) 吸熱 　(チ) 発熱
(ツ) [H^+][OH^-] 　(テ) 電離定数

❹緩衝液

(a) **緩衝作用** 少量の酸や塩基を加えたとき，その影響を緩和し，pH がほぼ一定に保たれる水溶液を（^ト　　　　）といい，その働きを（^ナ　　　　）という。一般に，弱酸とその塩，または，弱塩基とその塩の水溶液は緩衝液になる。

〈例〉 酢酸と酢酸ナトリウムの混合溶液…CH_3COOH と CH_3COO^- が多量に存在。

酸を加える ⇒ $CH_3COO^- + H^+ \longrightarrow CH_3COOH$　　　　　　⇒ $[H^+]$ が増加しない

塩基を加える⇒ $CH_3COOH + OH^- \longrightarrow$ （^ニ　　　　　　）⇒ $[OH^-]$ が増加しない

(b) **緩衝液の$[H^+]$，$[OH^-]$**

〈例〉 $c[mol/L]$の弱酸（弱塩基）と$c'[mol/L]$の塩を含む緩衝液

緩衝液	CH_3COOH と CH_3COONa			NH_3 と NH_4Cl		
電離平衡 はじめ 平衡時	$CH_3COOH \rightleftharpoons CH_3COO^- + H^+$ c　　　　c'　　　　0　[mol/L] $c-x$　　$c'+x$　　x　[mol/L]			$NH_3 + H_2O \rightleftharpoons NH_4^+ + OH^-$ c　　　　c'　　　　0　[mol/L] $c-x$　　$c'+x$　　x　[mol/L]		
イオン濃度	$[H^+] = \dfrac{c}{c'}K_a^*[mol/L]$			$[OH^-] = \dfrac{c}{c'}K_b[mol/L]$		

$*K_a = \dfrac{[CH_3COO^-][H^+]}{[CH_3COOH]} = \dfrac{(c'+x) \times [H^+]}{c-x} = \dfrac{c'}{c}[H^+]$　（$x \ll c,\ c'$ であり，$c-x=c$，$c'+x=c'$ とみなす）

4 溶解平衡

❶共通イオン効果 溶解平衡の状態に，溶解平衡に関連するイオンと同じイオン（共通イオン）を加えると（^ヌ　　　　）がおこる現象。

❷溶解度積 難溶性の塩 A_mB_n が溶解平衡の状態にあるとき，次の関係式が成立。

$A_mB_n(固) \rightleftharpoons mA^{n+} + nB^{m-} \Rightarrow$ 溶解度積　　$\boxed{K_{sp} = [A^{n+}]^m[B^{m-}]^n = 一定（温度一定）}$

〈例〉 $Ag_2CrO_4(固) \rightleftharpoons 2Ag^+ + CrO_4^{2-}$ ⇒ $K_{sp} = [Ag^+]^2[CrO_4^{2-}](mol/L)^3$

❸溶解度積と沈殿生成 難溶性の塩 A_mB_n の溶解平衡において，A^{n+} を含む水溶液と B^{m-} を含む水溶液を混合した直後の $[A^{n+}]^m[B^{m-}]^n$ が K_{sp} よりも（^ネ　　　　）ときは沈殿を生じ，最終的に $K_{sp} = [A^{n+}]^m[B^{m-}]^n$ は常に一定に保たれる。

解答
（ト）緩衝液　（ナ）緩衝作用　（ニ）$CH_3COO^- + H_2O$　（ヌ）平衡移動　（ネ）大きい

基|本|問|題

97. 知識 **平衡状態** ●四酸化二窒素 N_2O_4 をある温度，圧力に保つと，

$N_2O_4 \rightleftharpoons 2NO_2$ の反応がおこり，平衡状態に達した。平衡状態に関する次の記述のうちから，正しいものを2つ選べ。

（ア） N_2O_4 と NO_2 の濃度の比は1:2である。

（イ） N_2O_4 と NO_2 の圧力（分圧）の比は1:2である。

（ウ） N_2O_4 の濃度は一定となっている。

（エ） 正反応と逆反応の速さは等しい。

（オ） 正反応も逆反応もおこらず，反応が停止している。

基本例題16 平衡定数

水素 5.50 mol とヨウ素 4.00 mol を 100 L の容器に入れ，ある温度に保つと，次式のような反応がおこり，平衡状態に達した。このとき，ヨウ化水素が 7.00 mol 生じていた。

$$H_2 + I_2 \rightleftharpoons 2HI$$

(1) この反応の平衡定数を求めよ。

(2) 同じ容器に水素 5.00 mol とヨウ素 5.00 mol を入れ，同じ温度に保つと，ヨウ化水素は何 mol 生じるか。

考え方

(1) HI が 7.00 mol 生じているので，H_2 および I_2 がそれぞれ 3.50 mol ずつ反応したことがわかる。平衡状態での各物質のモル濃度を求め，平衡定数の式に代入する。

(2) 温度が一定ならば，平衡定数は一定の値をとる。(1)で求めた平衡定数 K の値を用い，HI の生成量を x [mol] として平衡定数の式に代入すればよい。

解 答

(1)

	H_2	+	I_2	$\rightleftharpoons$	2HI
はじめ	5.50 mol		4.00 mol		0
変化量	−3.50 mol		−3.50 mol		+7.00 mol
平衡時	2.00 mol		0.50 mol		7.00 mol

容器の体積が 100 L なので，平衡定数 K は，

$$K = \frac{[HI]^2}{[H_2][I_2]} = \frac{\left(\frac{7.00}{100}\right)^2 (\text{mol/L})^2}{\left(\frac{2.00}{100}\right)\text{mol/L} \times \left(\frac{0.50}{100}\right)\text{mol/L}} = \mathbf{49}$$

(2) HI が x [mol] 生成したとすると，H_2 および I_2 はいずれも $5.00\,\text{mol} - \dfrac{x}{2}$ [mol] なので，次式が成立する。

$$K = \frac{\left(\frac{x\,[\text{mol}]}{100\,\text{L}}\right)^2}{\dfrac{5.00\,\text{mol} - \dfrac{x}{2}\,[\text{mol}]}{100\,\text{L}} \times \dfrac{5.00\,\text{mol} - \dfrac{x}{2}\,[\text{mol}]}{100\,\text{L}}} = 49$$

$$\left(\frac{x\,[\text{mol}]}{5.00\,\text{mol} - \dfrac{x}{2}\,[\text{mol}]}\right)^2 = 7.0^2 \qquad x = 7.77\,\text{mol} = \mathbf{7.8\,mol}$$

---

98. 知識 **平衡状態と平衡定数** ●水素 1.00 mol とヨウ素 1.40 mol を 100 L の容器に入れ，ある温度に保った。このときの水素の物質量の変化は，図のようであった。

(1) 平衡状態における水素，ヨウ素およびヨウ化水素のモル濃度を求めよ。

(2) 減少するヨウ素および生成するヨウ化水素の物質量の変化を図示せよ。

(3) この反応の平衡定数を求めよ。

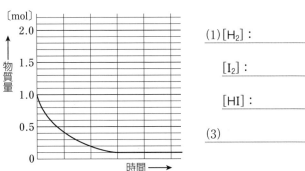

(1) $[H_2]$：_____

$[I_2]$：_____

$[HI]$：_____

(3) _____

99. [知識] **平衡の量的関係**●酢酸 1.00 mol とエタノール 1.00 mol の混合物を反応させ，ある一定温度で平衡状態に達したとき，酢酸が 0.25 mol に減少した。

$$CH_3COOH + C_2H_5OH \rightleftharpoons CH_3COOC_2H_5 + H_2O$$

酢酸　　エタノール　　酢酸エチル　　水

(1) (1) この温度における反応の平衡定数はいくらか。

(2) (2) 酢酸 1.00 mol，エタノール 1.00 mol，水 4.00 mol の混合物を反応させ，同じ温度で平衡状態に達したとき，酢酸エチルは何 mol 生成するか。

100. [知識] **反応量と解離度**●ある温度で，n [mol] の四酸化二窒素 N_2O_4 を体積 V [L] の容器に入れると，二酸化窒素 NO_2 を生じて次式のような平衡状態に達した。このときの全圧を P [Pa]，四酸化二窒素の解離度を α として，下の各問いに文字式で答えよ。

(1)

(2)

$$N_2O_4(気) \rightleftharpoons 2NO_2(気)$$

(3)

(1) 平衡状態における二酸化窒素の物質量は何 mol か。

(2) 平衡時の四酸化二窒素の分圧は何 Pa か。

(3) この反応における平衡定数 K はいくらか，単位もつけて示せ。

基本例題17 **平衡の移動** ➡問題 101・102・103

次の (1)，(2) の反応が平衡状態にあるとき，下の (ア)～(イ) の操作を行うと，平衡はそれぞれどのように移動するか。左向き，右向き，移動しない，からそれぞれ選べ。

(1) $N_2(気) + 3H_2(気) \rightleftharpoons 2NH_3(気)$　　$\Delta H = -92\,kJ$

　（ア）　圧力を上げる。　　　　　　（イ）　温度を上げる。

(2) $CH_3COOH + H_2O \rightleftharpoons CH_3COO^- + H_3O^+$

　（ア）　CH_3COONa を加える。　（イ）　$NaOH$ を加える。

■ 考え方

平衡状態にある可逆反応の条件を変化させると，その影響をやわらげる向きに反応が進み，新しい平衡状態に到達する（ルシャトリエの原理）。

■ 解 答

(1) （ア）　圧力増加をやわらげる向き，すなわち体積あたりの気体分子の数が減少する向きに移動。反応式の係数から，気体分子の数は左辺が 4，右辺が 2 である。　　**右向き**

（イ）　温度上昇をやわらげる吸熱反応の向きに移動。　　**左向き**

(2) （ア）　電離して溶液中に CH_3COO^- が増加するので，CH_3COO^- が減少する向きに移動。　　**左向き**

（イ）　電離で生じた OH^- によって H_3O^+ が中和されて減少するので，H_3O^+ が増加する向きに移動。　　**右向き**

101. [知識] **条件変化と平衡移動**●次の各反応が平衡状態にあるとき，（　　）に示す条件変化によって，平衡はどちらに移動するか。(ア)左，(イ)右，(ウ)移動しない，で答えよ。

(1)　(2)

(3)　(4)

(1) $3O_2 \rightleftharpoons 2O_3$　　　　　　　　　（酸素を加える）

(2) $N_2 + 3H_2 \rightleftharpoons 2NH_3$　　　　　　（圧力を小さくする）

(5)

(3) $2HI \rightleftharpoons H_2 + I_2$　　$\Delta H = +9\,kJ$　（加熱する）

(4) $2SO_2 + O_2 \rightleftharpoons 2SO_3$　　　　　（触媒を加える）

(5) $NH_3 + H_2O \rightleftharpoons NH_4^+ + OH^-$　　（塩化アンモニウムを加える）

例題
解説動画

102. 平考 **平衡移動の原理**●次の可逆反応について，下の各問いに答えよ。

$$2SO_2(気) + O_2(気) \rightleftharpoons 2SO_3(気) \qquad \Delta H = -198\,kJ$$

(1) 温度・圧力と三酸化硫黄 SO_3 の生成量との関係を表したグラフはどれか。

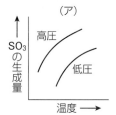 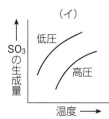 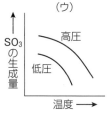 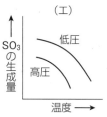

(ア) 高圧／低圧　(イ) 低圧／高圧　(ウ) 高圧／低圧　(エ) 低圧／高圧

(2) この反応が全圧 a[Pa]で平衡状態にあるとき，温度一定のまま，容器の体積を半分にすると，全圧は b[Pa]となった。a と b の関係を正しく表した式はどれか。

(ア) $b<a$　　(イ) $b=a$　　(ウ) $a<b<2a$
(エ) $b=2a$　　(オ) $b>2a$

(1) _____

(2) _____

103. 知識 **平衡移動**●無色の四酸化二窒素 N_2O_4 と赤褐色の二酸化窒素 NO_2 が平衡状態にある混合気体を注射器に入れて圧縮した。この変化の記述として正しいものを 1 つ選べ。ただし，この平衡は $N_2O_4 \rightleftharpoons 2NO_2$ で表される。

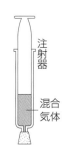

注射器

混合気体

(ア) 圧縮した直後から赤褐色が濃くなる。
(イ) 圧縮した直後から赤褐色が薄くなる。
(ウ) 圧縮した直後は赤褐色が濃くなり，その後，赤褐色は薄くなる。
(エ) 圧縮した直後は赤褐色が薄くなり，その後，赤褐色は濃くなる。

_____

104. 知識 **弱酸・弱塩基の pH**●下の各問いに答えよ。

(1) c[mol/L]の酢酸水溶液における酢酸の電離度を α としたとき，酢酸水溶液の pH を c と α を用いて表せ。

(2) 0.10 mol/L 酢酸水溶液の pH を小数第 2 位まで求めよ。酢酸の電離度は 1.7×10^{-2} とし，$\log_{10} 1.7 = 0.23$ とする。

(3) c[mol/L]のアンモニア水におけるアンモニアの電離度を α としたとき，水のイオン積を K_W として，アンモニア水の pH を c，α，K_W を用いて表せ。

(4) 0.10 mol/L アンモニア水の pH を小数第 2 位まで求めよ。アンモニアの電離度を 1.3×10^{-2}，水のイオン積 K_w を 1.0×10^{-14} (mol/L)^2，$\log_{10} 1.3 = 0.11$ とする。

(1) _____

(2) _____

(3) _____

(4) _____

105. 混合溶液のpH●次の各水溶液のpHを整数値で答えよ。ただし，強酸・強塩基は完全に電離しているものとする。

(1)　0.10 mol/Lの塩酸 1.0 mL を水でうすめて 1000 mL にした水溶液のpH を求めよ。

(2)　0.010 mol/Lの塩酸 100 mL に 36 mg の水酸化ナトリウムを加えた水溶液のpH を求めよ。ただし，体積変化はないものとする。

(3)　0.020 mol/Lの塩酸 75 mL に 0.020 mol/Lの水酸化ナトリウム水溶液 25 mL を加えた水溶液のpH を求めよ。

(4)　0.010 mol/Lの硫酸水溶液 25 mL に 0.020 mol/Lの水酸化カリウム水溶液 75 mL を加えた水溶液のpH を求めよ。水のイオン積 K_w を 1.0×10^{-14} (mol/L)^2 とする。

(1) _____

(2) _____

(3) _____

(4) _____

基本例題18　電離定数

→問題106・107

0.030 mol/L の酢酸水溶液の酢酸の電離度 α および水素イオン濃度を求めよ。ただし，酢酸の電離定数を 2.7×10^{-5} mol/L，α は1に比べて非常に小さいものとする。

■ 考え方

c [mol/L] の酢酸水溶液において，酢酸の電離度が α のとき，電離する酢酸分子は $c\alpha$ [mol/L] なので，生じる酢酸イオン，水素イオンも $c\alpha$ [mol/L] となる。電離平衡時の量的関係を調べ，電離定数 K_a の式に代入して c，α と K_a の関係式をつくり，α を求める。このとき，実際に α が1に比べて非常に小さいことを確認する。目安は $\alpha < 0.05$ 程度である。

■ 解答

$$CH_3COOH \rightleftarrows CH_3COO^- + H^+$$

はじめ	c	0	0　[mol/L]
平衡時	$c(1-\alpha)$	$c\alpha$	$c\alpha$　[mol/L]

$\alpha \ll 1$ であり，$1-\alpha = 1$ とみなされるので，電離定数は次のように表される。

$$K_a = \frac{[CH_3COO^-][H^+]}{[CH_3COOH]} = \frac{(c\alpha)^2}{c(1-\alpha)} = c\alpha^2$$

$$\alpha = \sqrt{\frac{K_a}{c}} = \sqrt{\frac{2.7 \times 10^{-5}}{0.030}} = \mathbf{0.030}$$

したがって，

$$[H^+] = c\alpha = 0.030\,mol/L \times 0.030 = \mathbf{9.0 \times 10^{-4}\,mol/L}$$

---

106. 弱酸の電離定数●酢酸水溶液中では，次式のような電離平衡が成立している。

$$CH_3COOH \rightleftarrows CH_3COO^- + H^+$$

酢酸の電離度は1よりも非常に小さいものとして，次の各問いに答えよ。

(1)　電離定数 K_a を表す式を，各成分のモル濃度を用いて記せ。

(2)　電離定数 K_a を 2.8×10^{-5} mol/L として，7.0×10^{-2} mol/L の酢酸水溶液中の酢酸の電離度 α を求めよ。

(3)　(2)の酢酸水溶液中の水素イオン濃度 $[H^+]$ を求めよ。

(4)　(2)の酢酸水溶液のpH を小数第2位まで求めよ。ただし，$\log_{10} 2 = 0.30$，$\log_{10} 7 = 0.85$ とする。

(1) _____

(2) _____

(3) _____

(4) _____

例題
解説動画

107. 弱塩基の電離定数●アンモニア水中では，次のような電離平衡が成立している。

$$NH_3 + H_2O \rightleftharpoons NH_4^+ + OH^-$$

$$K_b = \frac{[NH_4^+][OH^-]}{[NH_3]} = 1.8 \times 10^{-5}\,mol/L$$

(1) _____

(2) _____

(3) _____

水のイオン積 K_W を $1.0 \times 10^{-14}\,(mol/L)^2$，アンモニアの電離度は 1 よりも非常に小さいものとして，次の各問いに答えよ。

(1) $c\,[mol/L]$ のアンモニア水中のアンモニアの電離度 α を c と K_b を用いて表せ。

(2) 2.0 mol/L のアンモニア水中の水酸化物イオン濃度 $[OH^-]$ を求めよ。

(3) (2)のアンモニア水の pH を小数第 2 位まで求めよ。ただし，$\log_{10}2 = 0.30$，$\log_{10}3 = 0.48$ とする。

108. 塩の加水分解●次の文を読み，下の各問いに答えよ。

　①酢酸ナトリウムを水に溶かすと，酢酸イオンとナトリウムイオンに電離する。②このとき生じた酢酸イオンの一部が水分子と反応し，水酸化物イオンを生じるため，水溶液は弱い（　ア　）性を示す。これを塩の（　イ　）という。

(1)(ア) _____

　　(イ) _____

(1) 文中の（　）に適する語句を入れ，下線部①，②の反応をイオン反応式で表せ。

① _____

② _____

(2) 次の水溶液は酸性・中性・塩基性のいずれを示すか。

(a) 0.10 mol/L の塩酸と 0.10 mol/L の水酸化カリウム水溶液の等量混合水溶液

(b) 0.10 mol/L の酢酸水溶液と 0.10 mol/L の水酸化カリウム水溶液の等量混合水溶液

(c) 0.10 mol/L の塩酸と 0.10 mol/L のアンモニア水の等量混合水溶液

(2)(a) _____

　　(b) _____

　　(c) _____

109. **緩衝液**●次の文中の[ア]，[イ]に適するイオン反応式，(ウ)に適する語句を入れよ。また，{エ}，{オ}に適するものを下の①〜⑤から選べ。

等しい物質量の酢酸と酢酸ナトリウムを含む混合水溶液に，少量の塩酸を加えると[　ア　]の反応がおこり，水素イオン濃度はほぼ一定に保たれる。また，少量の水酸化ナトリウム水溶液を加えると[　イ　]の反応がおこり，水酸化物イオン濃度はほぼ一定に保たれる。このような水溶液を(　ウ　)といい，同物質量の{　エ　}と{　オ　}を含む混合水溶液でも同じような現象がおこる。

① NH$_3$ 　② HCl 　③ NaCl 　④ NH$_4$Cl 　⑤ CH$_3$COOH

[ア]

[イ]

(ウ)　　　　　　　　　　　　　　　　{エ}　　　　　{オ}

知識

110. **溶解平衡と溶解度積**●次の文中の(　　)には適する語句または数値，[　　]には適する式を記せ。

塩化銀は水に溶けにくい塩であるが，ごくわずかに溶けて飽和水溶液になり，溶解平衡 AgCl(固) $\rightleftharpoons$ Ag$^+$+Cl$^-$ が成立する。

この飽和水溶液に塩化水素を通じると，(　ア　)の増加を緩和する方向へ平衡が移動し，沈殿の量は(　イ　)する。このような現象を(　ウ　)効果という。塩化銀の溶解度積は $K_{sp}=$[　エ　]と表され，その値は25℃では 1.8×10^{-10} (mol/L)^2 である。したがって，[Ag$^+$]が 1.0×10^{-5} mol/L の塩化銀の飽和水溶液では，[Cl$^-$]は(　オ　)mol/L となる。

(ア)

(イ)

(ウ)

(エ)

(オ)

━━━━━━━━━━━━━━━[標│準│問│題]━━━━━━━━━━━━━━━

思考

111. **圧平衡定数**◆ある物質量の四酸化二窒素 N$_2$O$_4$ を密閉容器に入れて70℃に保つと，N$_2$O$_4$ $\rightleftharpoons$ 2NO$_2$ の反応がおこり，平衡状態に達した。このとき，N$_2$O$_4$ の解離度はいくらか。ただし，平衡状態における圧力を 1.5×10^5 Pa，70℃における圧平衡定数を 2.0×10^5 Paとする。

112. 炭酸の電離定数◆炭酸水中の炭酸の濃度を 2.75×10^{-2} mol/L とする。炭酸は式①のように電離し，生じた炭酸水素イオンはさらに式②のように電離する。次の各問いに答えよ。ただし，式①および式②の電離定数を $K_1＝4.4 \times 10^{-7}$ mol/L，$K_2＝5.6 \times 10^{-11}$ mol/L とし，有効数字は 2 桁とする。

$$H_2CO_3 \rightleftharpoons H^+ + HCO_3^- \quad \cdots ①$$
$$HCO_3^- \rightleftharpoons H^+ + CO_3^{2-} \quad \cdots ②$$

(1) この炭酸水の水素イオン濃度[mol/L]を求めよ。

(2) この炭酸水を希釈して pH を 5.0 とした。$[CO_3^{2-}]$ は $[H_2CO_3]$ の何倍か。

(1) _____

(2) _____

113. 緩衝液◆0.10 mol/L の酢酸水溶液 10.0 mL に 0.10 mol/L の水酸化ナトリウム水溶液 5.0 mL を加えて，緩衝液をつくった。この溶液の pH を小数第 2 位まで求めよ。ただし，酢酸の電離定数を $K_a＝2.7 \times 10^{-5}$ mol/L，$\log_{10} 2.7＝0.43$ とする。

_____

114. 溶解度積◆塩化銀 AgCl の溶解度積を 8.1×10^{-11} (mol/L)^2 として，次の各問いに答えよ。

(1) 塩化銀の飽和水溶液 1 L には，何 g の塩化銀が溶けているか。

(2) 0.10 mol/L の硝酸銀水溶液 100 mL に，0.10 mol/L の塩化ナトリウム水溶液を 0.20 mL 加えたとき，塩化銀 AgCl の沈殿が生じるかどうかを判断せよ。

(1) _____

(2) _____

3 **燃焼エンタルピーとエネルギー**◆燃焼エンタルピーに関する記述の空欄 ア にあてはまるものを，①～③のうちから１つ選べ。

$$H_2(気)+\frac{1}{2}O_2(気) \longrightarrow H_2O(気) \qquad \Delta H = x\,[kJ]$$

$$H_2(気)+\frac{1}{2}O_2(気) \longrightarrow H_2O(液) \qquad \Delta H = y\,[kJ]$$

x と y の絶対値の関係は ア となる。

	ア
①	$\|x\|<\|y\|$
②	$\|x\|>\|y\|$
③	$\|x\|=\|y\|$

4 **燃料電池**◆リン酸型燃料電池を用いると，H_2 を燃料として発電できる。外部回路に接続したリン酸型燃料電池の模式図を示す。次の各問いに答えよ。

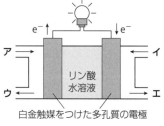

白金触媒をつけた多孔質の電極

(1)

(2)

(1) この燃料電池を動作させるとき，供給する物質**ア**，**イ**とおもに排出される物質**ウ**，**エ**の組み合わせとして最も適当なものを，表の①～④のうちから１つ選べ。ただし，排出される物質には未反応の物質も含まれるものとする。

	ア	イ	ウ	エ
①	O_2	H_2	O_2	H_2, H_2O
②	O_2	H_2	O_2, H_2O	H_2
③	H_2	O_2	H_2	O_2, H_2O
④	H_2	O_2	H_2, H_2O	O_2

(2) 図の燃料電池で $2.00\,mol$ の H_2，$1.00\,mol$ の O_2 が反応したとき，外部回路に流れた電気量は何 C か。最も適当な数値を次の①～⑤のうちから１つ選べ。ただし，ファラデー定数は $9.65\times10^4\,C/mol$ とし，電極で生じた電子はすべて外部回路を流れたものとする。

① 1.93×10^4 ② 9.65×10^4 ③ 1.93×10^5

④ 3.86×10^5 ⑤ 7.72×10^5

5 **電気分解による気体の発生**◆ある１種類の物質を溶かした水溶液を，白金電極を用いて電気分解した。電子が $0.4\,mol$ 流れたとき，両極で発生した気体の物質量の総和は $0.3\,mol$ であった。溶かした物質として適当なものを，次の①～⑤のうちから２つ選べ。

① NaOH   ② $AgNO_3$ ③ $CuSO_4$ ④ H_2SO_4 ⑤ KI

6 化学平衡◆気体X，Y，Zの平衡反応は次式で表される。

$$aX \rightleftharpoons bY + bZ \qquad \Delta H = x \text{[kJ]}$$

　密閉容器にXのみを1.0 mol入れて温度を一定に保ったときの物質量の変化を調べた。気体の温度を T_1 と T_2 に保った場合のXとY（またはZ）の物質量の変化を，図の結果Ⅰと結果Ⅱに示す。ここで $T_1 < T_2$ である。式中の係数 a と b の比 $(a:b)$ および x の正負の組み合わせとして最も適当なものを1つ選べ。

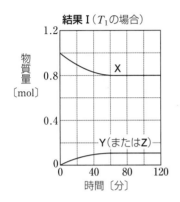
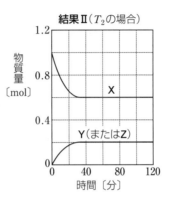

	$a : b$	x の正負		$a : b$	x の正負
①	1 : 1	正	⑤	1 : 2	正
②	1 : 1	負	⑥	1 : 2	負
③	2 : 1	正	⑦	3 : 1	正
④	2 : 1	負	⑧	3 : 1	負

7 溶解度積◆表に示す濃度の硝酸銀水溶液100 mLと塩化ナトリウム水溶液100 mLを混合する実験Ⅰ～Ⅲを行った。実験Ⅰ～Ⅲのうち，沈殿が生成する組み合わせとして正しいものを，①～⑥から1つ選べ。塩化銀の溶解度積を $1.8 \times 10^{-10} \text{(mol/L)}^2$ とする。

	硝酸銀水溶液の濃度[mol/L]	塩化ナトリウム水溶液の濃度[mol/L]
実験Ⅰ	2.0×10^{-3}	2.0×10^{-3}
実験Ⅱ	2.0×10^{-5}	2.0×10^{-5}
実験Ⅲ	2.0×10^{-5}	1.0×10^{-5}

① Ⅰのみ　　② ⅠとⅡ　　③ ⅠとⅡとⅢ
④ Ⅱのみ　　⑤ ⅡとⅢ　　⑥ Ⅲのみ

9 非金属元素の単体と化合物

1 周期表と元素の性質

❶周期性からわかる原子の性質の傾向

●分類

金属元素		非金属元素

●周期律

イオン化エネルギー　小→大

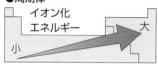

電子親和力　小→大

典型元素	遷移元素	典型元素

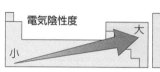

電気陰性度　小→大

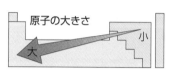

原子の大きさ　大→小

❷化合物の性質と周期表　酸化物など，化合物の性質にも周期性が見られる。

族	1	2	13	14	15	16	17
元素	Na	Mg	Al	Si	P	S	Cl
陽性・陰性	強 ←――――陽性――――			弱　弱	――陰性――→		強
酸化物	Na_2O	MgO	Al_2O_3	SiO_2	P_4O_{10}	SO_3	Cl_2O_7
	塩基性酸化物		両性酸化物	酸性酸化物			
酸化物と水との反応生成物	$NaOH$	$Mg(OH)_2$	$Al(OH)_3$	H_2SiO_3	H_3PO_4	H_2SO_4	$HClO_4$
	水酸化物		両性水酸化物	オキソ酸			

水酸化アルミニウム $Al(OH)_3$ とケイ酸 H_2SiO_3 は，酸化物と水からは生じない。酸素を含む酸をオキソ酸という。

2 水素とその化合物

❶単体

H_2 水素

①無色，無臭で，最も軽い気体　②水に溶けにくい

③燃焼，爆発しやすい(水素爆鳴気…水素2：酸素1(体積比)の混合気体)

④(ア　　　　　)作用を示す　$CuO+H_2 \longrightarrow Cu+H_2O$　⑤(イ　　　　　)電池(負極活物質)

製法　①Zn，Fe などに希硫酸や塩酸　$Zn+H_2SO_4 \longrightarrow$ (ウ　　　　　　　)

②水の電気分解　$2H_2O \longrightarrow 2H_2+O_2$

❷化合物　①非金属元素の水素化合物は，常温・常圧で(エ　　　　)体のものが多い

②LiH，NaH，CaH_2 などはイオン結晶で，H^-(水素化物イオン)を含む

3 18族元素(貴ガス)　He，Ne，Ar，Kr，Xe，Rn

(性質)　①空気中に少量含まれる　②常温・常圧で無色，無臭の気体

③不燃性　④安定な電子配置をとり，(オ　　　　　　　)分子として存在

⑤低圧下で放電すると，特有の発色を示す(ネオンサインなどに利用)

He　①水素に次いで軽い気体　②気球や飛行船，冷却剤に利用

Ar　①白熱電球や蛍光灯に封入　②金属溶接時の酸化防止　③(カ　　　　　)中に約1％

(**解答**)
(ア) 還元　(イ) 燃料　(ウ) $ZnSO_4+H_2$　(エ) 気　(オ) 単原子　(カ) 空気

④ 17族元素（ハロゲン）

❶単体

（性質） ①二原子分子で有毒　②原子番号が大きいものほど，融点・沸点が(^{キ}　　　　)

③(^{ク}　　　　)作用を示す(酸化力の強さ：$F_2 > Cl_2 > Br_2 > I_2$)

F_2
フッ素

①淡黄色，刺激臭の気体　②反応性が大(冷暗所で水素と爆発的に反応)

③水と反応して，フッ化水素と酸素を生成　$2F_2 + 2H_2O \longrightarrow 4HF + O_2$

Cl_2
塩素

①(^{ケ}　　　　)色，刺激臭の気体

②水に少し溶け，(^{コ}　　　　) HClO を生じる　$Cl_2 + H_2O \rightleftarrows HCl + HClO$

③HClO は酸化作用が強く，塩素水は殺菌や漂白に利用

④ヨウ化カリウムデンプン紙を青変　$2KI + Cl_2 \longrightarrow 2KCl + I_2$

製法 ①MnO_2 に濃塩酸，加熱　$MnO_2 + 4HCl \longrightarrow MnCl_2 + 2H_2O + Cl_2$

● 塩素の発生と捕集

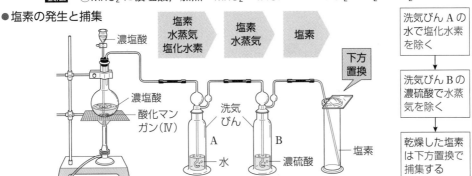

塩素
水蒸気
塩化水素 → 塩素
水蒸気 → 塩素

下方
置換

濃塩酸

濃塩酸
酸化マンガン(Ⅳ)

洗気びん

A　　B

水　　濃硫酸　　塩素

洗気びん A の水で塩化水素を除く

↓

洗気びん B の濃硫酸で水蒸気を除く

↓

乾燥した塩素は下方置換で捕集する

②高度さらし粉に塩酸　$Ca(ClO)_2 \cdot 2H_2O + 4HCl \longrightarrow CaCl_2 + 4H_2O + 2Cl_2$

さらし粉に塩酸　$CaCl(ClO) \cdot H_2O + 2HCl \longrightarrow CaCl_2 + 2H_2O + Cl_2$

③塩化ナトリウム水溶液の電気分解で陽極に生成　$2Cl^- \longrightarrow Cl_2 + 2e^-$

Br_2
臭素

①赤褐色の重い(^{サ}　　　　)体(密度 $3.12\,g/cm^3$)　②赤褐色，刺激臭の蒸気を生じる

I_2
ヨウ素

①黒紫色，光沢のある結晶　②(^{シ}　　　　)性(加熱によって紫色の蒸気を生成)

③水に溶けにくいが，ヨウ化カリウム水溶液に三ヨウ化物イオン I_3^- を生じて溶け，褐色のヨウ素ヨウ化カリウム水溶液(ヨウ素液)になる

④デンプンと鋭敏に反応し，青紫色になる((^{ス}　　　　)反応)

❷ハロゲン化水素　①すべて無色，(^{セ}　　　　)臭の気体　②水によく溶け，水溶液は(^{ソ}　　　　)性

HF
フッ化水素

①水溶液(フッ化水素酸)はガラスを腐食(ポリエチレンびんに保存)

$6HF + SiO_2 \longrightarrow H_2SiF_6 + 2H_2O$

②分子間に水素結合が働くため，沸点が比較的高い。水溶液は(^{タ}　　　　)い酸性を示す

製法 ホタル石に濃硫酸，加熱　$CaF_2 + H_2SO_4 \longrightarrow CaSO_4 + 2HF$

HCl
塩化水素

①水溶液(塩酸)は強酸性

②NH_3 と反応して白煙(NH_4Cl)生成(検出に利用)　$HCl + NH_3 \longrightarrow NH_4Cl$

製法 NaCl に濃硫酸　$NaCl + H_2SO_4 \longrightarrow (^{チ}　　　　　　　　)$

工業的製法 H_2 と Cl_2 を直接反応　$H_2 + Cl_2 \longrightarrow 2HCl$

HBr
臭化水素
HI
ヨウ化水素

①いずれも水に溶けやすい　②水溶液は強酸性

解答
(キ) 高い　(ク) 酸化　(ケ) 黄緑　(コ) 次亜塩素酸　(サ) 液　(シ) 昇華　(ス) ヨウ素デンプン　(セ) 刺激
(ソ) 酸　(タ) 弱　(チ) $NaHSO_4 + HCl$

5 16族元素（酸素と硫黄）

❶酸素の単体

同素体	酸素 O_2	オゾン O_3
性質	①無色，無臭の気体 ②空気中の約21%（体積）を占める ③水に溶けにくい ④燃焼によって酸化物を生じる	①淡青色，特異臭の気体 ②不安定で分解しやすく，有毒 ③（ツ　　　　　）作用が強い（ヨウ化カリウムデンプン紙を青変）
用途	①金属の溶接・切断（酸素アセチレン炎） ②医療用（酸素吸入）	①飲料水の殺菌　②空気の消臭 ③繊維の漂白
製法	①H_2O_2 水溶液の分解（触媒：MnO_2） 　$2H_2O_2 \longrightarrow 2H_2O + O_2$ ②$KClO_3$ の加熱分解（触媒：MnO_2） 　$2KClO_3 \longrightarrow 2KCl + 3O_2$	①酸素に紫外線をあてる ②酸素中で無声放電　$3O_2 \longrightarrow 2O_3$ ※オゾン層…地表から 20〜30 km のオゾンを多く含む層

❷硫黄とその化合物

単体
①同素体には，斜方硫黄，単斜硫黄，ゴム状硫黄があり，いずれも水に不溶
②火山地帯で産出　③石油の精製時に得られる
④青色の炎を上げて燃焼　$S + O_2 \longrightarrow SO_2$
⑤高温で Fe などの金属と反応し，硫化物を生成　$Fe + S \longrightarrow FeS$

SO_2
二酸化硫黄
①無色，（テ　　　　　）臭の有毒な気体　②水によく溶け，亜硫酸を生成
③（ト　　　　　）作用，漂白作用がある（H_2S に対しては酸化剤として働く）
〈例〉　$\underline{SO_2} + I_2 + 2H_2O \longrightarrow H_2SO_4 + 2HI$　（還元剤としての働き）
　　　$SO_2 + 2H_2S \longrightarrow 3S + 2H_2O$　（酸化剤としての働き）
製法　①銅に（ナ　　　　　），加熱　$Cu + 2H_2SO_4 \longrightarrow CuSO_4 + 2H_2O + SO_2$
　　　②亜硫酸水素塩に希硫酸　$2NaHSO_3 + H_2SO_4 \longrightarrow Na_2SO_4 + 2H_2O + 2SO_2$

H_2SO_4
硫酸
濃硫酸　①無色の重い液体（密度 $1.84\,g/cm^3$）　②水で希釈すると激しく発熱
③吸湿性が強く，乾燥剤に利用　④不揮発性（沸点338℃）
⑤（ニ　　　　　）作用（H と O を 2：1 の割合で奪う）
⑥熱濃硫酸は（ヌ　　　　　）作用が強い（Cu，Hg，Ag と反応し，SO_2 を発生）
希硫酸　①（ネ　　　　　）酸性（多くの金属と反応して H_2 を発生）
②硫酸塩には水に溶けやすいものが多い　③鉛蓄電池の電解液

H_2S
硫化水素
①無色，（ノ　　　　　）臭の有毒な気体　②水溶液は弱酸性　$H_2S \rightleftharpoons 2H^+ + S^{2-}$
③可燃性，（ハ　　　　　）作用を示す　〈例〉　$H_2S + I_2 \longrightarrow S + 2HI$
④多くの金属イオンと反応して，硫化物を沈殿
製法　硫化鉄（Ⅱ）に希硫酸　$FeS + H_2SO_4 \longrightarrow FeSO_4 + H_2S$（弱酸の遊離）

●硫黄化合物の相互関係

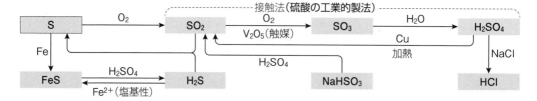

解答
（ツ）酸化　（テ）刺激　（ト）還元　（ナ）濃硫酸　（ニ）脱水　（ヌ）酸化　（ネ）強　（ノ）腐卵　（ハ）還元

6 15族元素（窒素とリン）

❶窒素とその化合物

N_2 窒素
① 無色，無臭の気体 ② 空気中の約78%（体積）を占める ③ 水に溶けにくい

製法 亜硝酸アンモニウムを含む水溶液を加熱 $NH_4NO_2 \longrightarrow 2H_2O + N_2$

工業的製法 液体空気の分留

NO 一酸化窒素
① 無色で，水に難溶の気体

② 酸素と反応して（ヒ　　　　　　　）を生成 $2NO + O_2 \longrightarrow 2NO_2$

製法 銅に（フ　　　　）硝酸 $3Cu + 8HNO_3 \longrightarrow 3Cu(NO_3)_2 + 4H_2O + 2NO$

NO_2 二酸化窒素
①（ヘ　　　　）色，刺激臭の有毒な気体

② 常温で四酸化二窒素と平衡 $2NO_2$（赤褐色） $\rightleftarrows N_2O_4$（無色）

③ 水に溶けて硝酸を生じる（酸性雨の一因）$3NO_2 + H_2O \longrightarrow 2HNO_3 + NO$

製法 銅に（ホ　　　　）硝酸 $Cu + 4HNO_3 \longrightarrow Cu(NO_3)_2 + 2H_2O + 2NO_2$

HNO_3 硝酸
① 無色，揮発性の液体（沸点83℃） ② 発煙性がある

③ 熱や光で分解（（マ　　　　）びんに保存）

④ 濃硝酸（約61%），希硝酸ともに（ミ　　　　）作用が強い（Cu, Hg, Ag も溶解）

⑤ 濃硝酸は Al, Fe, Ni などの表面に難溶性の酸化被膜を形成（（ム　　　　））

NH_3 アンモニア
① 無色，刺激臭の気体

② 水に極めてよく溶け，水溶液は（メ　　　　）塩基性 $NH_3 + H_2O \rightleftarrows NH_4^+ + OH^-$

③ HCl と反応して白煙（NH_4Cl）生成（検出に利用）$NH_3 + HCl \longrightarrow NH_4Cl$

④ 窒素（モ　　　　）の硫安（$(NH_4)_2SO_4$）や尿素 $CO(NH_2)_2$ の原料

製法 アンモニウム塩と強塩基の加熱

$2NH_4Cl + Ca(OH)_2 \longrightarrow CaCl_2 + 2H_2O + 2NH_3$（弱塩基の遊離）

工業的製法 （ヤ　　　　　　　　　　）法 $N_2 + 3H_2 \rightleftarrows 2NH_3$（触媒：$Fe_3O_4$）

●窒素化合物の相互関係・製法

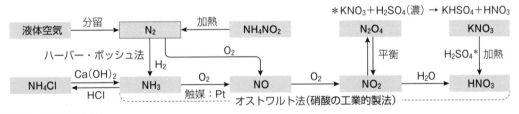

❷リンとその化合物

単体
① 同素体には黄リン，（ユ　　　　）リンがある。黄リンは猛毒で，二硫化炭素に溶ける

② 黄リンは空気中で自然発火するため，（ヨ　　　　）中に保存

③ 赤リンは医薬品や農薬の原料，マッチの箱の側薬に利用

P_4O_{10} 十酸化四リン
① 吸湿性の強い白色粉末（乾燥剤や脱水剤として利用）

② 水に溶かして加熱するとリン酸になる $P_4O_{10} + 6H_2O \longrightarrow 4H_3PO_4$

製法 リンの燃焼 $4P + 5O_2 \longrightarrow P_4O_{10}$

H_3PO_4 リン酸
① 無色結晶，潮解性 ② 3段階に電離 $H_3PO_4 \rightleftarrows 3H^+ + PO_4^{3-}$

③ リン酸カルシウム $Ca_3(PO_4)_2$ は骨や歯の主成分

解答
（ヒ）二酸化窒素 （フ）希 （ヘ）赤褐 （ホ）濃 （マ）褐色 （ミ）酸化 （ム）不動態 （メ）弱 （モ）肥料
（ヤ）ハーバー・ボッシュ （ユ）赤 （ヨ）水

7 14族元素(炭素とケイ素)

❶炭素とその化合物

単体	①ダイヤモンド,黒鉛,フラーレン,カーボンナノチューブなどの同素体
	②ダイヤモンド,黒鉛は(^{ラ})結晶,フラーレンは C_{60},C_{70} などの分子結晶

CO
一酸化炭素
①無色,無臭で,水に溶けにくい有毒な気体　②可燃性(淡青色の炎)

製法 ギ酸に濃硫酸(脱水剤),加熱　$HCOOH \longrightarrow H_2O + CO$

CO_2
二酸化炭素
①無色,無臭の気体　②赤外線を吸収し,気温を上昇(温室効果)

③水に溶けて炭酸を生じ,弱酸性　$CO_2 + H_2O \rightleftarrows H^+ + HCO_3^-$

④石灰水を(^{リ})濁(CO_2 の検出)

$$Ca(OH)_2 + CO_2 \longrightarrow CaCO_3 + H_2O$$

製法 炭酸塩に塩酸

$$CaCO_3 + 2HCl \longrightarrow CaCl_2 + H_2O + CO_2 (弱酸の遊離)$$

工業的製法 石灰石を熱分解　$CaCO_3 \longrightarrow CaO + CO_2$

塩酸
活栓
石灰石
キップの装置

❷ケイ素とその化合物

Si
①かたく,融点の高い共有結合の結晶　②半導体

SiO_2
二酸化ケイ素
①石英,水晶,ケイ砂として産出　②かたく,融点の高い共有結合の結晶

③NaOH や Na_2CO_3 とともに融解すると,ケイ酸ナトリウム Na_2SiO_3 が生成

H_2SiO_3
ケイ酸
①(^{ル})(Na_2SiO_3aq)に塩酸を加えると,白色のケイ酸 H_2SiO_3 が生成

$$Na_2SiO_3 + 2HCl \longrightarrow H_2SiO_3 + 2NaCl$$

②ケイ酸を加熱して乾燥させると(^{レ})(乾燥剤)が生成

8 無機化学工業

❶硫酸の製法(接触法)

$$SO_2 \xrightarrow[\text{触媒：} V_2O_5]{① O_2} SO_3 \xrightarrow{② H_2O *} 濃硫酸$$

① $2SO_2 + O_2 \longrightarrow 2SO_3$　② $SO_3 + H_2O \longrightarrow H_2SO_4$

＊実際には,SO_3 を濃硫酸に吸収させて発煙硫酸にしたのち,これを希硫酸に加えて濃硫酸としている。

❷アンモニアの製法(ハーバー・ボッシュ法)

$$N_2 + 3H_2 \rightleftarrows 2NH_3 (触媒：Fe_3O_4)$$

❸硝酸の製法(オストワルト法)

$4NH_3 + 5O_2 \longrightarrow 4NO + 6H_2O$ (触媒：Pt)

$2NO + O_2 \longrightarrow 2NO_2$

$3NO_2 + H_2O \longrightarrow 2HNO_3 + NO$

$$NH_3 + 2O_2 \longrightarrow HNO_3 + H_2O$$

9 乾燥剤と気体の性質

❶気体の乾燥剤　気体に含まれる水蒸気を取り除く。

乾燥剤	性質	乾燥に適した気体の種類
濃硫酸,P_4O_{10}	酸性	中性,酸性の気体(H_2S の乾燥に濃硫酸は不可)
CaO,ソーダ石灰	塩基性	中性,塩基性の気体
$CaCl_2$	中性	中性,酸性,塩基性の気体(NH_3 の乾燥に $CaCl_2$ は不可)

注 ソーダ石灰は CaO と NaOH の混合物を加熱したものである。シリカゲルは,水蒸気とともに
目的の気体も吸着することが多いため,一般に気体の乾燥には不適である。

解答
(ラ)共有結合の　(リ)白　(ル)水ガラス　(レ)シリカゲル

❷気体の性質

気体	色	におい	水への溶解	その他の性質	乾燥剤❷	捕集法
H_2	無色	無臭	難溶	中性, 可燃性	全	水上
O_2	無色	無臭	難溶	中性, 助燃性	全	水上
Cl_2	黄緑色	刺激臭	やや溶	酸性, 酸化剤	中・酸	下方
HCl	無色	刺激臭	易溶	酸性	中・酸	下方
H_2S	無色	腐卵臭	やや溶	酸性, 還元剤	中・酸❸	下方
SO_2	無色	刺激臭	やや溶	酸性, 還元剤❶	中・酸	下方
NH_3	無色	刺激臭	易溶	塩基性	中❹・塩基	上方
NO	無色	—	難溶	中性	全	水上
NO_2	赤褐色	刺激臭	易溶	酸性	中・酸	下方
CO_2	無色	無臭	やや溶	酸性	中・酸	下方❺

❶酸化剤としても働く
❷全：どの乾燥剤でも可　中：中性乾燥剤　酸：酸性乾燥剤　塩基：塩基性乾燥剤
❸濃硫酸は不可　❹$CaCl_2$ は不可　❺水上置換の場合もある

水上置換

上方置換　　下方置換

|基|本|問|題|

115. [知識] **周期表と元素の性質**●次の各問いに答えよ。

(1)　リン，硫黄，塩素，アルゴン，カリウム，カルシウムの中で，(a) 第1イオン化エネルギーが最も大きいものと，(b) 電子親和力が最も大きいものをそれぞれ元素記号で示せ。

(2)　O^{2-}, F^-, Na^+, Mg^{2+}, S^{2-} のうち，最もイオン半径が小さいイオンは何か。化学式で示せ。

(1)(a) _____
　　(b) _____
(2) _____

116. [知識] **酸化物**●周期表の第3周期の元素の酸化物について，下の各問いに答えよ。

族	1	2	13	14	15	16	17
酸化物	Na_2O	（ ア ）	Al_2O_3	（ イ ）	P_4O_{10}	SO_3	Cl_2O_7

(1)　表中の(ア)，(イ)に該当する酸化物の化学式を記せ。

(2)　表中の酸化物を，(a) 塩基性酸化物，(b) 両性酸化物，(c) 酸性酸化物に分類し，それぞれの化学式を記せ。ただし，(ア)と(イ)は除く。

(3)　SO_3 と水との反応を化学反応式で表せ。

(1)(ア) _____
　　(イ) _____
(2)(a) _____
　　(b) _____
　　(c) _____

117. [知識] **水素**●次の記述のうち，誤っているものを1つ選べ。

（ア）　水素は，すべての気体のうちで最も軽く，水によく溶ける。

（イ）　水素は，還元作用を示し，加熱した酸化銅(Ⅱ)と反応して銅を生じる。

（ウ）　水素は，酸素とともに燃料電池に用いられる。

（エ）　亜鉛に希硫酸を加えると，水素が発生する。

_____

118. 知識 **貴ガス** ●He, Ne, Ar, Kr に関する次の記述のうち, 正しいものを1つ
選べ。

(ア) これらは, 空気中に化合物として多く含まれている。

(イ) これらの原子は, すべて最外殻に8個の電子をもつ。

(ウ) これらの単体には, 常温・常圧で, 液体のものと気体のものがある。

(エ) これらには, 燃焼しやすいものが多い。

(オ) これらは, 低圧にして放電すると, 特有の色の光を発する。

---

119. 知識 **ハロゲン** ●次の文中の( )に適当な語句を
入れよ。

　ハロゲンには, 原子量の小さい順に(ア),
(イ), (ウ), (エ)などの元素があり,
単体はそれぞれ常温・常圧で淡黄色の気体,
(オ)色の気体, 赤褐色の(カ)体, 黒紫色の
(キ)体である。これらは, いずれも各原子が
(ク)結合で結合した(ケ)原子分子からなる。
これらの単体のうち, (コ)は最も水に溶けにく
いが, ヨウ化カリウム水溶液にはよく溶ける。

(ア)	(イ)
(ウ)	(エ)
(オ)	(カ)
(キ)	(ク)
(ケ)	(コ)

---

120. 知識 **塩素** ●次の文中の( )に適当な語句を, 〔 〕に化学式を入れよ。

　塩素は, (ア)色で有毒な気体であり, 実験室では, 酸化マンガン(Ⅳ)
〔 A 〕に濃塩酸を加えて加熱すると得られる。また, 塩素は, 高度さらし
粉〔 B 〕を使っても発生させることができる。

　塩素は, 水に少し溶け, 一部が水と反応して塩化水素と(イ)を生じる
ため, (ウ)作用が強く, 塩素水は殺菌や漂白に利用される。また,
(エ)紙を青色に変える。この反応は, 塩素の検出に用いられる。

(ア)

(イ)

(ウ)

(エ)

〔A〕

〔B〕

---

121. 知識 **塩素の発生装置と捕集法** ●図の装置で塩素を発生させた。次の各問い
に答えよ。

(1) 図中の物質A～Dを次から選べ。

　① 濃硫酸　② 濃塩酸　③ 水

　④ 酸化マンガン(Ⅳ)

(2) C, Dで取り除かれる物質を次
　から選べ。

　① 水蒸気　　② 酸素

　③ 塩化水素

(3) 塩素の捕集法として適当なものを次から選べ。

　① 上方置換　② 下方置換　③ 水上置換

(1)A:　　　B:

　C:　　　D:

(2)C:　　　D:

(3)

思考

122. ハロゲン化水素●次の各問いに答えよ。

(1) ハロゲン化水素のうち，弱酸はどれか。名称を記せ。

(2) 塩化水素にアンモニアを混合したときに見られる現象を簡単に記せ。

(3) 亜鉛に塩酸を加えたときの変化を化学反応式で表せ。

(4) フッ化カルシウムに濃硫酸を加えて加熱したときの変化を化学反応式で表せ。

(5) フッ化水素酸がガラスと反応するときの変化を化学反応式で表せ。

(1) ＿＿＿＿＿＿

(2) ＿＿＿＿＿＿

知識

123. 酸素とオゾン●次の各問いに答えよ。

(1) 過酸化水素水に酸化マンガン(Ⅳ)を加えたときの変化を化学反応式で表せ。

(2) (1)で使用する酸化マンガン(Ⅳ)はどのような作用をするか。

(3) 酸素の捕集法として，最も適当なものを記せ。

(4) 酸素中で無声放電させると何が生成するか。

(5) (4)の変化を化学反応式で表せ。

(2) ＿＿＿＿＿＿

(3) ＿＿＿＿＿＿

(4) ＿＿＿＿＿＿

知識

124. 硫黄の化合物●次の文中の（　）に適当な語句を入れ，下の各問いに答えよ。

　二酸化硫黄は，（　ア　）色，刺激臭の気体であり，銅に（　イ　）を加えて加熱して得る。①亜硫酸水素ナトリウムに希硫酸を加えても発生する。（　ウ　）を触媒に，二酸化硫黄を酸素で酸化すると（　エ　）になる。これを水と反応させ，（　オ　）を得る。

　硫化水素は，無色，（　カ　）臭の気体であり，その水溶液は弱い（　キ　）性を示す。②硫化水素は，硫化鉄(Ⅱ)に希硫酸を加えると発生する。

(1) 下線部①，②の変化，二酸化硫黄と硫化水素の反応を化学反応式で表せ。

①＿＿＿＿＿＿

②＿＿＿＿＿＿

(2) 鉛(Ⅱ)イオンを含む水溶液に硫化水素を通じたときの変化をイオン反応式で表せ。

（ア）＿＿＿＿　（イ）＿＿＿＿

（ウ）＿＿＿＿　（エ）＿＿＿＿

（オ）＿＿＿＿　（カ）＿＿＿＿

（キ）＿＿＿＿

125. 硫酸 知識 ●濃硫酸に関する次の記述のうち，誤りを含むものを1つ選べ。

(ア) 濃硫酸は密度の大きい液体である。

(イ) 濃硫酸を水と混合すると，大量の熱が発生する。

(ウ) 濃硫酸は強い吸湿性を示し，乾燥剤として用いられる。

(エ) 濃硫酸をスクロースに滴下すると，スクロースが黒色に変化する。

(オ) 濃硫酸に銅片を加えて加熱すると，水素が発生する。

126. アンモニアの発生 思考 ●塩化アンモニウムと水酸
化カルシウムからアンモニアを発生させるため，図
のような装置を組み立てた。

(1) アンモニア発生の変化を化学反応式で表せ。

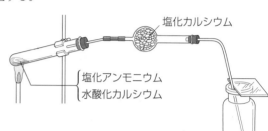

(2) 図中の誤りを3ヶ所指摘し，正しい方法およびそのようにする理由を記せ。

127. リンとその化合物 知識 ●次の記述のうち，正しいものを2つ選べ。

(ア) 赤リンはろう状の固体で，空気中で自然発火するので水中に保存する。

(イ) 黄リンは二硫化炭素に溶解し，毒性が強い。

(ウ) 十酸化四リンは，強い吸湿性を示すイオン結晶である。

(エ) リン酸は化学式 H_3PO_4 で示され，硫酸と同じ程度の強酸である。

(オ) リン酸の塩には，肥料として利用されるものがある。

128. 炭素 知識 ●文中の( )に適当な語句，数字，(A)〜(C)の記号を入れよ。

炭素の同素体のうち，(ア)は下図(イ)のような層状構造をなし，価電子(ウ)個が平面をつくる共有結合に使われ，1個は平面内を動きまわることができる。そのため，電気伝導性が大きく，やわらかい。(エ)は，下図(オ)のように炭素原子が正(カ)体の各頂点と中心に位置し，すべての炭素原子が共有結合してできた無色の結晶で，最もかたい物質である。C_{60} などの分子式をもつ(キ)は，下図(ク)のような分子で，1985年にすすの中から発見された。

(ア)

(イ)

(ウ)

(エ)

(オ)

(カ)

(キ)

(ク)

(A)

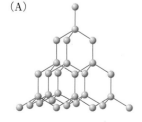

(B)

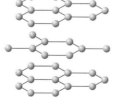

(C)

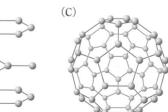

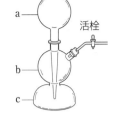

思考
129. 炭素の化合物 次の各問いに答えよ。

(1) 石灰石に希塩酸を加えたときの変化を化学反応式で表せ。

_____

(2) (1)の反応に希硫酸を用いることができないのはなぜか。

_____

(3) (1)の反応を図の装置を用いて行うとき，石灰石を入れる場所は a ～ c のどこ
か。また，気体の発生中に活栓を閉じると，装置内でどのような現象がおこるか。

場所：   ，現象：_____

(4) (1)の反応で発生した気体を石灰水に通じると，白く濁った。このときの変化
を化学反応式で表せ。

_____

_____

知識
130. ケイ素とその化合物 次のうち，下線部に誤りがあるものを 3 つ選べ。

(ア) ケイ素は，地殻中に多く含まれ，天然に<u>単体</u>として産出する。   _____

(イ) ケイ素の単体は共有結合の結晶で，<u>ダイヤモンド</u>と同じ構造をとる。

(ウ) 二酸化ケイ素は，塩酸には溶けないが，<u>濃硫酸</u>には溶ける。

(エ) 二酸化ケイ素と<u>塩化ナトリウム</u>を融解すると，ケイ酸ナトリウムを生じる。

(オ) 水ガラスに塩酸を加えると，<u>ケイ酸</u>を生じる。

(カ) <u>ケイ酸</u>を加熱して乾燥させると，多孔質のシリカゲルが得られる。

知識
131. 気体の性質 (1)～(4)にあてはまる気体を，（ア）～（オ）から選べ。

(1) 無色，刺激臭の気体で，水によく溶け，水溶液は弱い塩基性を示す。   _____

(2) 無色，刺激臭の気体で，水によく溶け，水溶液は強い酸性を示す。

(3) 無色，腐卵臭の気体で，水に少し溶け，水溶液は弱い酸性を示す。

(4) 無色，無臭の気体で，水に溶けにくい。

（ア） CO   （イ） H_2S （ウ） HCl   （エ） NH_3 （オ） NO_2

思考
132. 気体の発生と捕集 次の実験に適する装置は，（ア）～（エ）のどれか。

(1) 亜硝酸アンモニウムを含む水溶液から窒素を発生させる。

(2) 塩化ナトリウムと濃い硫酸水溶液から塩化水素を発生させる。

(3) 炭酸水素ナトリウムから二酸化炭素を発生させる。

(4) 塩化アンモニウムと水酸化カルシウムからアンモニアを発生させる。

（ア）   （イ）   （ウ）   （エ）

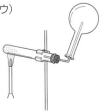

第Ⅲ章 無機物質

133. 気体の製法と乾燥剤

次の(a)〜(e)には気体を発生させる操作，(ア)〜(オ)には(a)〜(e)で発生する気体の乾燥剤をそれぞれ示した。下の各問いに答えよ。

	操作		乾燥剤
(a)	塩素酸カリウムに酸化マンガン(IV)を加えて加熱する。	(ア)	CaO
(b)	酸化マンガン(IV)に濃塩酸を加えて加熱する。	(イ)	$CaCl_2$
(c)	硫化鉄(II)に希硫酸を加える。	(ウ)	濃硫酸
(d)	亜硫酸水素ナトリウムに希硫酸を加える。	(エ)	P_4O_{10}
(e)	大理石(石灰石)に希塩酸を加える。	(オ)	$CaCl_2$

(1) (a)〜(e)でおこる反応をそれぞれ化学反応式で表せ。

(a)

(b)

(c)

(d)

(e)

(2) (a)〜(e)の反応で発生する気体の捕集法として，最も適当なものを下から選び，番号で答えよ。

  ① 上方置換　　② 下方置換　　③ 水上置換

(3) (ア)〜(オ)の乾燥剤のうち，各気体の乾燥に適さないものを1つ選べ。

(2)(a)　　　　(b)

(c)　　　　(d)

(e)

(3)

134. アンモニアと硝酸の工業的製法

次の図は，アンモニアと硝酸の工業的製法の過程を示したものである。下の各問いに答えよ。

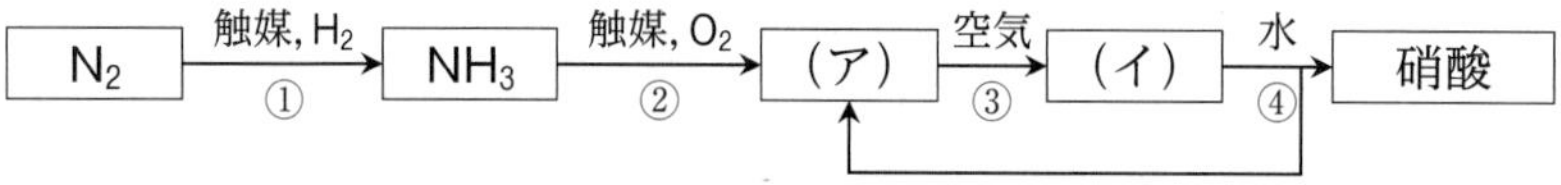

N_2 —触媒, H_2 ①→ NH_3 —触媒, O_2 ②→ (ア) —空気 ③→ (イ) —水 ④→ 硝酸

(1) 反応①，②で用いられる触媒を，それぞれ化学式で示せ。

(2) (ア)，(イ)に適当な化学式を入れよ。

(3) ①〜④の変化を化学反応式で表せ。

  ①

  ②

  ③

  ④

(4) 反応①および反応②〜④の一連の工業的製法の名称をそれぞれ記せ。

(5) 1 mol の NH_3 から何 mol の硝酸をつくることができるか。

(1)①

  ②

(2)(ア)

  (イ)

(4)①

  ②〜④

(5)

135. 硫黄の化合物

硫黄とその化合物の相互関係を示す図について，次の各問いに答えよ。

図：(ア) —二酸化硫黄→ S —酸素→ (イ) —酸素→ (ウ)；FeS —(a)硫酸→ (ア)；H₂SO₄ —(b)銅 加熱→ (イ)；(イ) —(c)塩化ナトリウム 加熱→ (エ)

(1) (ア)～(エ)にあてはまる硫黄化合物の化学式を記せ。

(2) (a)～(c)の変化を化学反応式で表せ。

(a)

(b)

(c)

(3) (a)，(b)の各変化は，硫酸のどのような性質を利用したものか。次から選び，番号で答えよ。

① 不揮発性　② 脱水作用　③ 強酸性　④ 酸化作用

(1)(ア)　(イ)　(ウ)　(エ)

(3)(a)　(b)

136. 気体の性質

下の(1)～(4)の記述中のA～Eに相当する気体を，次の気体群の中から選べ。

〈気体群〉 Cl₂　HCl　H₂S　NH₃　H₂

(1) Aは水に溶けにくいが，他の気体は水に溶け，特にB，Cは非常によく溶ける。

(2) 硝酸銀水溶液にB，Dを通じると，白色沈殿を生じる。

(3) AとDの混合気体に日光をあてると，爆発的に反応してBを生じる。

(4) 酢酸鉛(Ⅱ)水溶液にEを通じると，黒色沈殿を生じる。

A　B　C　D　E

10 | 典型金属元素の単体と化合物

1 1族元素（アルカリ金属）

❶アルカリ金属（H以外の1族元素） Li, Na, K, Rb, Cs, Fr

1族元素	アルカリ金属		
元素	Li	Na	K
原子	価電子を1個もち，1価の陽イオンになりやすい		
単体	銀白色の金属。融点が低い。密度が小さく，やわらかい		
	水と激しく反応し，(ア　　　　)H₂を発生　〈例〉2Na+2H₂O ⟶ 2NaOH+H₂		
反応性	(小)◀────────────────▶(大)		
炎色反応	赤	(イ　　　)	(ウ　　　)

単体の製法　金属塩の溶融塩電解
〈例〉$2NaCl \longrightarrow 2Na+Cl_2$

保存方法

水や酸素と反応
しやすいので，
灯油中に保存す
る。

灯油—
Na —
—Li
—K

❷ナトリウムの化合物

NaOH
水酸化ナトリウム

①白色結晶，苛性ソーダともよばれる　②空気中の水蒸気を吸収する(エ　　　　)性を示す

③水溶液は(オ　　　)塩基性で，皮膚や粘膜を侵す

④CO_2と反応して，炭酸塩を生成　$2NaOH+CO_2 \longrightarrow Na_2CO_3+H_2O$

製法　NaCl水溶液の電気分解　　$2NaCl+2H_2O \longrightarrow 2NaOH+H_2+Cl_2$

Na₂CO₃
炭酸ナトリウム

①白色粉末，炭酸ソーダともよばれる　②水溶液は塩基性

③酸と反応して，CO_2を発生　$Na_2CO_3+2HCl \longrightarrow 2NaCl+H_2O+CO_2$

④十水和物$Na_2CO_3 \cdot 10H_2O$は(カ　　　　)して，一水和物$Na_2CO_3 \cdot H_2O$に変化

⑤ガラスの製造に利用

NaHCO₃
炭酸水素
ナトリウム

①白色粉末，重曹（重炭酸ソーダ）ともよばれる

②水に少し溶け，水溶液は(キ　　　　)塩基性

③熱分解して，CO_2を発生　$2NaHCO_3 \longrightarrow Na_2CO_3+H_2O+CO_2$

④酸と反応して，CO_2を発生　$NaHCO_3+HCl \longrightarrow NaCl+H_2O+CO_2$

⑤胃腸薬やベーキングパウダーに利用

工業的製法　(ク　　　　　　　　　)法（ソルベー法）…Na_2CO_3の工業的製法

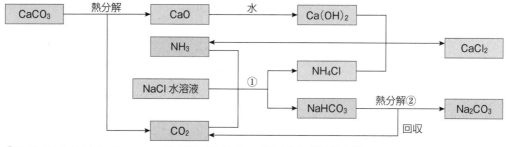

①$NaCl+H_2O+NH_3+CO_2 \longrightarrow NaHCO_3+NH_4Cl$　（$NaHCO_3$が沈殿する）
②$2NaHCO_3 \longrightarrow Na_2CO_3+H_2O+CO_2$　（$NaHCO_3$の熱分解）

解答
（ア）水素　（イ）黄　（ウ）赤紫　（エ）潮解　（オ）強　（カ）風解　（キ）弱　（ク）アンモニアソーダ

2 2族元素アルカリ土類金属

❶アルカリ土類金属　Be, Mg, Ca, Sr, Ba, Ra

2族元素	Be, Mg	Ca, Sr, Ba, Ra
原子	価電子を2個もち，2価の陽イオンになりやすい	
単体	銀白色の金属。アルカリ金属よりも融点が高く，密度が大きい	
	常温の水と反応しない Mg は熱水と反応	常温で水と反応し，水素 H_2 を発生 〈例〉$Ca+2H_2O \longrightarrow Ca(OH)_2+H_2$
炎色反応	炎色反応を示さない	Ca((^{ケ})), Sr(赤(紅)), Ba((^{コ}))
炭酸塩	白色で水に難溶(塩酸に可溶) $MgCO_3$, $CaCO_3$, $BaCO_3$	
硫酸塩	水に可溶 $MgSO_4$	白色で水に難溶(塩酸に不溶) $CaSO_4$, $BaSO_4$

❷カルシウムの化合物

CaO 酸化カルシウム
①白色固体(生石灰)　②塩基性酸化物　$CaO+2HCl \longrightarrow CaCl_2+H_2O$
③水と反応して発熱　$CaO+H_2O \longrightarrow Ca(OH)_2$　④乾燥剤

Ca(OH)₂ 水酸化カルシウム
①白色粉末(消石灰)　②水溶液は(^{サ})塩基性。飽和水溶液は(^{シ})水
③石灰水に CO_2 を通じると(^{ス})濁(CO_2 の検出)
  $Ca(OH)_2+CO_2 \longrightarrow CaCO_3+H_2O$

CaCO₃ 炭酸カルシウム
①石灰石や大理石の主成分　②強熱すると熱分解　$CaCO_3 \longrightarrow CaO+CO_2$
③塩酸に溶けて，CO_2 を発生　$CaCO_3+2HCl \longrightarrow CaCl_2+H_2O+CO_2$
④CO_2 を含む水に溶ける　$CaCO_3+CO_2+H_2O \rightleftharpoons$ (^{セ})
               炭酸水素カルシウム
⑤セメントやガラスの原料

CaSO₄ 硫酸カルシウム
①天然にセッコウ $CaSO_4 \cdot 2H_2O$ として産出
②約140℃で焼きセッコウに変化

$$CaSO_4 \cdot 2H_2O \underset{水}{\overset{加熱}{\rightleftharpoons}} CaSO_4 \cdot \frac{1}{2}H_2O+\frac{3}{2}H_2O$$

CaCl₂ 塩化カルシウム
①水への溶解性，吸湿性が大　②乾燥剤　③融雪剤・凍結防止剤

Ca(ClO)₂·2H₂O 高度さらし粉
①$Ca(OH)_2$ に塩素を吸収させてさらし粉を製造したのち，$CaCl_2$ を除去
  $Ca(OH)_2+Cl_2 \longrightarrow CaCl(ClO) \cdot H_2O$
②塩酸と反応して(^{ソ})発生
  $Ca(ClO)_2 \cdot 2H_2O+4HCl \longrightarrow CaCl_2+4H_2O+2Cl_2$

●カルシウムとその化合物の相互関係

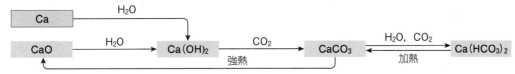

❸マグネシウム，バリウムの化合物

MgCl₂ 塩化マグネシウム
①六水和物 $MgCl_2 \cdot 6H_2O$ は潮解性を示す
②水溶液は豆腐製造の際の凝固剤(にがり)

BaSO₄ 硫酸バリウム
①水に難溶　②胃や腸のX線検査用の造影剤

〔解答〕
(ケ) 橙赤　(コ) 黄緑　(サ) 強　(シ) 石灰　(ス) 白　(セ) $Ca(HCO_3)_2$　(ソ) 塩素

第Ⅲ章　無機物質

❸ 両性を示す典型金属（Al，Sn，Pb）

Al，Sn，Pb の単体は，いずれも(^{タ}　　　　)金属である。酸化物，水酸化物は，それぞれ両性酸化物，両性水酸化物であり，酸とも塩基とも反応する。

❶アルミニウムとその化合物

Al アルミニウム

①銀白色の金属。酸にも塩基にも溶ける　　$2Al + 6HCl \longrightarrow 2AlCl_3 + 3H_2$

②両性金属　　　　　　　　　　　　　　　$2Al + 2NaOH + 6H_2O \longrightarrow 2Na[Al(OH)_4] + 3H_2$

③濃硝酸中では(^{チ}　　　　)となる　　　　　テトラヒドロキシドアルミン酸ナトリウム

④1円硬貨，ジュラルミン（航空機材料）

製法（^{ツ}　　　　　　　　　）（主成分の組成 $Al_2O_3 \cdot nH_2O$）から得られた Al_2O_3 を，融解した氷晶石 Na_3AlF_6 に溶かし，炭素電極を用いて（^{テ}　　　　　）電解（融解塩電解）

陰極：$Al^{3+} + 3e^- \longrightarrow Al$

陽極：$C + O^{2-} \longrightarrow CO + 2e^-$

　　　$C + 2O^{2-} \longrightarrow CO_2 + 4e^-$

炭素（陽極）
炭素（陰極）
酸化アルミニウム
融解した氷晶石に溶かした酸化アルミニウム
融解したアルミニウム

酸化アルミニウムの電気分解（原理）

Al₂O₃ 酸化アルミニウム

①白色粉末，(^{ト}　　　　　　)ともよばれる

$4Al + 3O_2 \longrightarrow 2Al_2O_3$

②両性酸化物　$Al_2O_3 + 6HCl \longrightarrow 2AlCl_3 + 3H_2O$

　　　　　　　$Al_2O_3 + 2NaOH + 3H_2O \longrightarrow 2Na[Al(OH)_4]$

③難溶性を示す，融点が高い

④ルビー（Cr を含む）やサファイア（Fe，Ti を含む）の主成分

Al(OH)₃ 水酸化アルミニウム

①白色固体　②両性水酸化物　$Al(OH)_3 + 3HCl \longrightarrow AlCl_3 + 3H_2O$

　　　　　　　　　　　　　　$Al(OH)_3 + NaOH \longrightarrow Na[Al(OH)_4]$

AlK(SO₄)₂·12H₂O 硫酸アルミニウムカリウム十二水和物

①無色，(^{ナ}　　　　　　)ともいう　②複塩

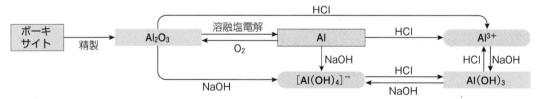

❷スズ・鉛とその化合物

Sn スズ

①白色の金属　②両性金属　③$SnCl_2 \cdot 2H_2O$ は無色の結晶で，(^{ニ}　　　　　)作用あり

④青銅（銅とスズ），はんだ（鉛とスズ），(^{ヌ}　　　　　)（鋼板にスズをめっき）

Pb 鉛

①灰白色の金属　②やわらかく，密度が大きい　③両性金属

④塩酸や希硫酸には表面に不溶性の塩を生じるため難溶（硝酸には可溶）

⑤はんだ（鉛とスズ），鉛蓄電池：（−）鉛 Pb，（＋）酸化鉛（Ⅳ）PbO_2（褐色）

Pb²⁺ の沈殿　$PbCl_2$（白色，熱水に可溶），$PbSO_4$（白色），PbS（黒色），$PbCrO_4$（黄色）

---

137. **アルカリ金属の単体**●次の各問いに答えよ。
(1) アルカリ金属を，原子番号の小さいものから3つ，元素記号で示せ。
(2) (1)の元素の単体のうち，最も反応性に富むものを元素記号で示せ。
(3) (1)の元素の単体と水との反応を，それぞれ化学反応式で表せ。

(4) (1)の元素の炎色反応の色をそれぞれ記せ。

(5) アルカリ金属の単体は，どのようにして保存するか。

(1) _____

(2) _____

138. **ナトリウムの化合物**●次の文中の(　　)に適当な語句を入れ，下線部
①～③を化学反応式で表せ。

水酸化ナトリウムは，白色の固体で，空気中の水蒸気を吸収し，ついには水溶液になる。このような現象を(　ア　)という。また，①水酸化ナトリウムは，二酸化炭素と反応して(　イ　)を生じる。

②塩化ナトリウムの飽和水溶液にアンモニアを十分に溶かし，さらに二酸化炭素を通じると，比較的水に溶けにくい(　ウ　)が沈殿する。③これを熱分解すると，(イ)が得られる。このようにして(イ)をつくる工業的製法を(　エ　)という。

(ア) _____

(イ) _____

(ウ) _____

(エ) _____

① _____

② _____

③ _____

139. **マグネシウムの反応**●マグネシウムに関する次の反応(1)～(3)を化学反応式で表せ。
(1) 空気中で強熱　　(2) 熱水との反応　　(3) 希塩酸との反応

(1) _____

(2) _____

(3) _____

思考

140. カルシウムの化合物 次の反応経路図について，下の各問いに答えよ。

```
Ca ──①H₂O──→ Ca(OH)₂ ──②CO₂──→ CaCO₃ ──③CO₂,H₂O──→ A
                                          ←──④加熱──
      ⑤H₂SO₄        ⑦H₂O   ⑥強熱          ⑧HCl
        ↓            ↓        ↓            ↘
        B          CaO                      C
```

(1) A～Cにあてはまるカルシウム化合物の化学式を示せ。

(2) ①～⑧の変化を化学反応式で表せ。

① _____

② _____

③ _____

④ _____

⑤ _____

⑥ _____

⑦ _____

⑧ _____

(3) 水酸化カルシウムが塩素と反応すると，さらし粉 $CaCl(ClO) \cdot H_2O$ を生じる。この変化を化学反応式で表せ。

_____

(1) A：

B：

C：

知識

141. カルシウムとマグネシウム 次の記述のうち，カルシウムだけの性質にはA，マグネシウムだけの性質にはB，両方の性質にはCを記せ。

(1) 炎色反応を示す。　　　(2) 単体は常温で水と反応する。

(3) 酸化物は水と反応しにくい。

(4) 水酸化物の水溶液は強い塩基性を示す。

(5) 硫酸塩は水に溶けやすい。　　(6) 炭酸塩は塩酸に溶ける。

(1)	(2)
(3)	(4)
(5)	(6)

知識

142. 1族・2族の化合物の利用 次の(1)～(5)にあてはまる化合物を，下の(ア)～(ク)からそれぞれ1つずつ選べ。

(1) 気体の乾燥や，冬期の路面の凍結防止剤として用いられる。

(2) 生石灰とよばれ，海苔などの乾燥剤として用いられる。

(3) 胃腸薬やベーキングパウダーなどに用いられる。

(4) X線をよく吸収するので，胃のX線検査用の造影剤に用いられる。

(5) 天然にセッコウとして産出し，建築材料などに用いられる。

(ア) Na_2CO_3　　(イ) $NaHCO_3$　　(ウ) CaO　　(エ) $CaCl_2$

(オ) $CaCO_3$　　(カ) $CaSO_4$　　(キ) $BaCO_3$　　(ク) $BaSO_4$

(1) _____

(2) _____

(3) _____

(4) _____

(5) _____

143. **アルミニウムの反応**●次の文を読み，下の各問いに答えよ。

アルミニウムの単体は（　ア　）金属であり，①その単体は塩酸と反応すると（　イ　）を発生して溶ける。また，②水酸化ナトリウム水溶液にも（イ）を発生して溶ける。しかし，濃硝酸には（　ウ　）となるため，溶けにくい。
アルミニウムの単体は（　エ　）色の金属で，軽く，その合金である（　オ　）は航空機材料などに用いられる。

(1) 文中の（　）に適当な語句を入れよ。
(2) 下線部①，②をそれぞれ化学反応式で表せ。

① _____

② _____

(1)（ア）_____

　（イ）_____

　（ウ）_____

　（エ）_____

　（オ）_____

144. **アルミニウムの化合物**●次の各問いに答えよ。

アルミニウムのおもな鉱石である（　ア　）を，加熱した濃い水酸化ナトリウム水溶液に入れると，水溶液中に錯イオンである（　イ　）イオンが形成される。この錯イオンを含む水溶液を冷却すると，水酸化アルミニウム $Al(OH)_3$ の沈殿が生じる。これを加熱して純粋な酸化アルミニウム Al_2O_3 を得ている。酸化アルミニウムは（　ウ　）ともよばれ，（　エ　）電解を行うと，アルミニウムの単体が得られる。酸化アルミニウムは，水には溶けにくいが，塩酸や水酸化ナトリウム水溶液には反応して溶ける。このように，酸とも塩基とも反応する酸化物を（　オ　）酸化物という。

(1) 文中の（　）に適当な語句を入れよ。
(2) 酸化アルミニウムと塩酸，酸化アルミニウムと水酸化ナトリウム水溶液との反応を化学反応式でそれぞれ示せ。

HCl：_____

NaOH：_____

(1)（ア）_____

　（イ）_____

　（ウ）_____

　（エ）_____

　（オ）_____

145. **アルミニウムイオンの反応**●次の反応経路図中のA～Dは，アルミニウムを含む化合物またはイオンである。A～Dの化学式，名称，色を記せ。

```
Al₂(SO₄)₃水溶液 ──NH₃水またはNaOH水溶液(少量)──→ 沈殿A ──塩酸──→ イオンB
             │                                        └──NaOH水溶液──→ 錯イオンC
             │                                             (多量)
             └──K₂SO₄水溶液, 濃縮──→ 結晶D
                                       (水和物)
```

A：_____

B：_____

C：_____

D：_____

146. [知識] **スズ・鉛とその化合物**●次の文中の（　）に適当な語句，[　]に化学式を入れよ。

スズは融点が低く，加工しやすい金属である。銅とスズとの合金は（　ア　）とよばれ，十円硬貨などに用いられる。酸化スズ（Ⅱ）SnO は酸とも塩基とも反応する（　イ　）酸化物である。スズ（Ⅱ）イオン Sn^{2+} は酸化されて[　ウ　]になりやすいので，塩化スズ（Ⅱ）$SnCl_2$ は（　エ　）剤として用いられる。

鉛の単体は希硫酸や希塩酸には溶けにくい。これは，単体の表面に，希硫酸中では[　オ　]，希塩酸中では[　カ　]で表される難溶性の物質を生じるためである。

（ア）_____

（イ）_____

[ウ]_____

（エ）_____

[オ]_____

[カ]_____

147. [知識] **典型金属元素の利用**●次の記述のうちから，下線部に誤りを含むものを1つ選べ。

（ア）アルミニウムは，空気中では表面が酸化被膜で覆われ，酸化が内部まで進行しにくく，窓枠や鍋，一円硬貨などに用いられている。

（イ）ミョウバンはアルミニウムイオンを含む複塩で，染色や食品添加物に利用される。

（ウ）宝石のルビーは，酸化アルミニウムにクロムが微量含まれたものである。

（エ）スズは，はんだなどの合金やトタンに用いられる。

（オ）鉛は，やわらかくて密度が大きく，放射線の遮蔽材として用いられる。

_____

■■■■■■■■■■■■■■■■■■■■■■■■■■ [標|準|問|題] ■■■■■■■■■■■■■■■■■■■■■■■■■■

148. [思考] **塩の推定**◆次の塩のうちから，下の文中のA～Dにあてはまるものを選び，化学式で示せ。

硝酸鉛（Ⅱ），硫酸アルミニウム，硫酸カリウム，硫酸ナトリウム，ヨウ化カリウム，塩化カルシウム，塩化ナトリウム，炭酸ナトリウム

(1) 炎色反応は，Aが赤紫色，Bは黄色で，その他は示さなかった。

(2) 硝酸バリウム水溶液を加えると，A～Dのいずれも白色沈殿を生じた。これらのうち，Bの沈殿は希塩酸に溶けたが，他の沈殿は溶けなかった。

(3) 少量の水酸化ナトリウム水溶液を加えると，CとDは白色沈殿を生じた。これに塩酸を加えると，Cの沈殿は溶けたが，Dは白色沈殿が残った。

A_____

B_____

C_____

D_____

11 | 遷移元素の単体と化合物

1 遷移元素と錯イオン

❶遷移元素の特徴

①周期表の 3 ～12 族に位置　②隣り合う元素どうしでも性質が類似　③すべて(^{ア}　　　)元素

④融点が(^{イ}　　　)　⑤ほとんどが重金属(密度 $4\sim5\,g/cm^3$ 以上)

⑥最外殻電子は 1 または 2 で，酸化数は複数　⑦錯イオンをつくる　⑧有色のものが多い　⑨触媒になる

❷錯イオン　配位子が金属イオンと(^{ウ}　　　)結合することによって生じるイオン

名称	化学式	水溶液の色	形状
ジアンミン銀(Ⅰ)イオン❶	$[Ag(NH_3)_2]^+$	無色	直線形
テトラアンミン銅(Ⅱ)イオン	$[Cu(NH_3)_4]^{2+}$	深青色	正方形
テトラアクア銅(Ⅱ)イオン❷	$[Cu(H_2O)_4]^{2+}$	青色	正方形
テトラアンミン亜鉛(Ⅱ)イオン	$[Zn(NH_3)_4]^{2+}$	無色	正四面体形
テトラヒドロキシド亜鉛(Ⅱ)酸イオン	$[Zn(OH)_4]^{2-}$	無色	正四面体形
ヘキサシアニド鉄(Ⅱ)酸イオン	$[Fe(CN)_6]^{4-}$	淡黄色	正八面体形
ヘキサシアニド鉄(Ⅲ)酸イオン	$[Fe(CN)_6]^{3-}$	黄色	正八面体形

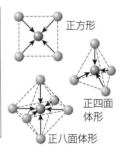

正方形

正四面体形

正八面体形

❶ジ，テトラ，ヘキサは配位子の数 2，4，6 を表す。
❷アクア錯イオンは水を省略して示すことが多い。

2 鉄とその化合物

Fe 鉄
①銀白色の金属　②塩酸や希硫酸に溶ける

③濃硝酸には(^{エ}　　　)となり，溶けない

④建築材料，ステンレス鋼など

製法　溶鉱炉で鉄鉱石(赤鉄鉱など)を還元

$$Fe_2O_3+3CO \longrightarrow 2Fe+3CO_2$$

(^{オ}　　　)(炭素約 4 %)……もろい，鋳物

(^{カ}　　　)(炭素 0.02～2 %)…ねばり強い，鋼材

右図ラベル：鉄鉱石 コークス 石灰石　高炉ガス　Fe_2O_3　Fe_3O_4　FeO　Fe　熱風　熱風　スラグ　銑鉄

Fe₃O₄ 四酸化三鉄
①黒色の結晶
②磁鉄鉱の主成分

Fe₂O₃ 酸化鉄(Ⅲ)(べんがら)
①赤褐色の結晶
②赤鉄鉱の主成分

FeSO₄ 硫酸鉄(Ⅱ)
①結晶は七水和物(淡緑色)
②水に溶けて Fe^{2+}(淡緑色)

FeCl₃ 塩化鉄(Ⅲ)
①結晶は六水和物(黄褐色)
②水に溶けて Fe^{3+}(黄褐色)

K₄[Fe(CN)₆] ヘキサシアニド鉄(Ⅱ)酸カリウム
①黄色の結晶
②水溶液は淡黄色

K₃[Fe(CN)₆] ヘキサシアニド鉄(Ⅲ)酸カリウム
①暗赤色の結晶
②水溶液は黄色

試薬水溶液	OH^-	$K_4[Fe(CN)_6]$	$K_3[Fe(CN)_6]$	KSCN
Fe^{2+} (淡緑色)	$Fe(OH)_2$ 緑白色沈殿	青白色沈殿	(^{キ}　　　)色沈殿 (ターンブルブルー)	変化なし
Fe^{3+} (黄褐色)	水酸化鉄(Ⅲ)❶ 赤褐色沈殿	濃青色沈殿 (紺青)	暗褐色水溶液	(^{ク}　　　)色水溶液

❶FeO(OH)や $Fe_2O_3 \cdot nH_2O$ の混合物と考えられており，決まった組成式で表すことが難しい。

解答
(ア) 金属　(イ) 高い　(ウ) 配位　(エ) 不動態　(オ) 銑鉄　(カ) 鋼　(キ) 濃青　(ク) 血赤

3 銅とその化合物

Cu
銅
①赤味を帯びた金属　②(ケ　　　　　　)・延性に富む　③熱・電気の良導体
④湿った空気中でさび(緑青 $CuCO_3 \cdot Cu(OH)_2$)を生じる
⑤塩酸や希硫酸とは反応せず，硝酸，熱濃硫酸には反応して溶ける
⑥銅の合金　青銅(ブロンズ)Cu と Sn，黄銅(真鍮)Cu と Zn

製法

黄銅鉱 $CuFeS_2$ ──O_2→ 硫化銅(I) Cu_2S ──還元→ 粗銅 Cu (純度99%) ──電解精錬→ 純銅 Cu (純度99.99%)

CuO
酸化銅(II)
①(コ　　　)色粉末　②塩基性酸化物。酸に溶ける $CuO+H_2SO_4 \longrightarrow CuSO_4+H_2O$
③銅を空気中で加熱 $2Cu+O_2 \longrightarrow 2CuO$　④強熱で酸化銅(I)Cu_2O((サ　　　)色)

CuSO₄
硫酸銅(II)
①五水和物は青色結晶。加熱で白色粉末の無水塩
②無水塩は水に触れると(シ　　　)色に呈色(水の検出に利用)

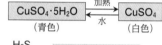

$CuSO_4 \cdot 5H_2O$ (青色) ──加熱 / 水──⇄ $CuSO_4$ (白色)

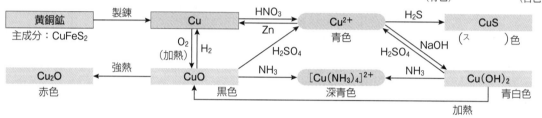

黄銅鉱 主成分：$CuFeS_2$ ──製錬→ Cu

Cu ──HNO_3 / Zn──⇄ Cu^{2+} 青色 ──H_2S→ CuS (ス　　　)色

Cu ──O_2(加熱) / H_2──⇄ CuO 黒色

CuO ──強熱→ Cu_2O 赤色

CuO ──H_2SO_4→ Cu^{2+}

Cu^{2+} ──H_2SO_4 / NaOH──⇄ $Cu(OH)_2$ 青白色

CuO ──NH_3→ $[Cu(NH_3)_4]^{2+}$ 深青色

$Cu(OH)_2$ ──NH_3→ $[Cu(NH_3)_4]^{2+}$

$Cu(OH)_2$ ──加熱→ CuO

4 銀とその化合物

Ag
銀
①銀白色の金属　②展性・延性に富む　③熱・電気の伝導性は最大
④塩酸や希硫酸とは反応せず，硝酸や熱濃硫酸には反応して溶ける　⑤装飾品など
$Ag+2HNO_3 \longrightarrow AgNO_3+H_2O+NO_2$ (濃硝酸)
$3Ag+4HNO_3 \longrightarrow 3AgNO_3+2H_2O+NO$ (希硝酸)

Ag₂O
酸化銀
①褐色沈殿　$2Ag^++2OH^- \longrightarrow Ag_2O+H_2O$　**注** AgOH は不安定で，ただちに Ag_2O になる
②NH_3 水に溶ける　$Ag_2O+4NH_3+H_2O \longrightarrow 2($セ　　　　　　　$)+2OH^-$

ハロゲン化銀
フッ化銀 AgF(黄)，塩化銀 AgCl((ソ　　　))，臭化銀 AgBr(淡黄)，ヨウ化銀 AgI(黄)
①光で分解して銀を生成　②水に難溶((タ　　　)は可溶)　③NH_3 水に溶ける(AgI は難溶)
④$Na_2S_2O_3$ 水溶液に溶ける　⑤AgBr は写真のフィルムに利用

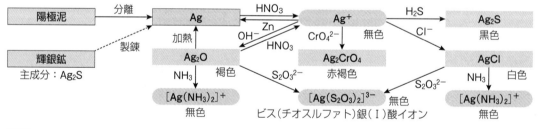

陽極泥 ──分離→ Ag

輝銀鉱 主成分：Ag_2S ──製錬→ Ag

Ag ──加熱 / OH^-──⇄ Ag_2O

Ag ──HNO_3 / Zn / HNO_3──⇄ Ag^+ 無色

Ag^+ ──CrO_4^{2-}→ Ag_2CrO_4 赤褐色

Ag^+ ──H_2S→ Ag_2S 黒色

Ag^+ ──Cl^-→ AgCl 白色

Ag_2O ──NH_3→ $[Ag(NH_3)_2]^+$ 無色

Ag_2O ──$S_2O_3^{2-}$→ $[Ag(S_2O_3)_2]^{3-}$ 無色 ビス(チオスルファト)銀(I)酸イオン

AgCl ──$S_2O_3^{2-}$→ $[Ag(S_2O_3)_2]^{3-}$

AgCl ──NH_3→ $[Ag(NH_3)_2]^+$ 無色

5 亜鉛とその化合物

Zn
亜鉛
①銀白色の金属で，酸にも塩基にも溶ける　$Zn+2HCl \longrightarrow ZnCl_2+H_2$
②(チ　　　)金属　　$Zn+2NaOH+2H_2O \longrightarrow Na_2[Zn(OH)_4]+H_2$
③(ツ　　　　)(鋼板に亜鉛をめっき)，乾電池，黄銅(銅と亜鉛)

ZnO
酸化亜鉛
①白色粉末　$2Zn+O_2 \longrightarrow 2ZnO$　②両性酸化物　③白色顔料，軟こう

Zn(OH)₂
水酸化亜鉛
①白色固体　②両性水酸化物
③アンモニア水に溶ける　$Zn(OH)_2+4NH_3 \longrightarrow [Zn(NH_3)_4]^{2+}+2OH^-$

解答
(ケ) 展性　(コ) 黒　(サ) 赤　(シ) 青　(ス) 黒　(セ) $[Ag(NH_3)_2]^+$　(ソ) 白　(タ) AgF　(チ) 両性　(ツ) トタン

6 クロム・マンガンとその化合物

| Cr | ①銀白色の金属　②かたくて融点が高い　③腐食しにくい　④クロムめっき |

K₂CrO₄
クロム酸カリウム
①黄色結晶　②金属イオンと沈殿生成 $PbCrO_4$（黄色），Ag_2CrO_4（(テ　　　)色)

K₂Cr₂O₇
ニクロム酸カリウム
①赤橙色結晶　②$Cr_2O_7^{2-}$((ト　　　)色) $\underset{H^+}{\overset{OH^-}{\rightleftarrows}}$ CrO_4^{2-}((ナ　　　)色)
③硫酸酸性で強い(ニ　　　)作用

| Mn | ①銀白色の金属　②かたいがもろい　③マンガン鋼は船や橋の構造材 |

MnO₂
酸化マンガン(Ⅳ)
①黒色粉末　②酸化作用
③H_2O_2 や $KClO_3$ 分解の触媒　$2H_2O_2 \xrightarrow{MnO_2} 2H_2O + O_2$
④乾電池の正極活物質

KMnO₄
過マンガン
酸カリウム
①黒紫色の結晶　②水溶液は(ヌ　　　)色(MnO_4^- による)
③硫酸酸性で強い(ネ　　　)作用

【解答】
(テ) 赤褐　(ト) 赤橙　(ナ) 黄　(ニ) 酸化　(ヌ) 赤紫　(ネ) 酸化

|基|本|問|題|

149. 遷移元素●遷移元素に関する次の記述のうちから，誤りを含むものを
1つ選べ。
(ア) 元素の周期表において，3〜12族に位置し，第4周期以降に現れる。
(イ) 最外殻電子を1個または2個もつ原子が多い。
(ウ) 単体はすべて金属であり，一般に，融点が高く，密度が大きい。
(エ) ステンレス鋼や黄銅のような合金をつくる。
(オ) 同一の元素では単一の酸化数をとることが多い。
(カ) 錯イオンをつくるものが多い。

150. 鉄の製錬●次の文中の(　　)に適当な語句を入れ，下の問いに答えよ。
　溶鉱炉に，赤鉄鉱(主成分 Fe_2O_3)などの鉄鉱石，コークス，(　ア　)を入
れて熱風を吹きこむと，コークスが燃焼し，生じた(　イ　)によって鉄の酸
化物が還元され，銑鉄が得られる。この銑鉄に酸素を吹きこむと，鋼が得ら
れる。また，鉄鉱石中に含まれる二酸化ケイ素などは，(ア)と反応し，
(　ウ　)となって取り除かれる。
(問)　鉄の酸化物の化学式を Fe_2O_3 として，下線部の変化を化学反応式で表
せ。

(ア)＿＿＿＿＿＿

(イ)＿＿＿＿＿＿

(ウ)＿＿＿＿＿＿

151. 鉄の化合物

知識

鉄の化合物●図は，鉄の化合物の関係をまとめたものである。次の各問いに答えよ。

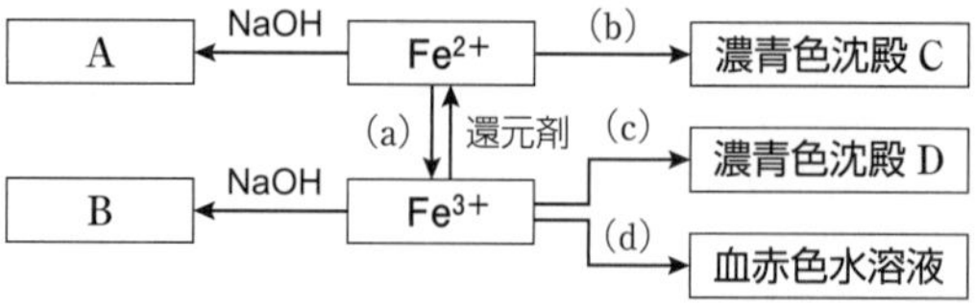

(1) Fe^{2+}，Fe^{3+} を含む水溶液はそれぞれ何色か。

(2) Aの化学式と色，Bの名称と色，濃青色沈殿C，Dの名称をそれぞれ記せ。

(3) (a)～(d)にあてはまる試薬を次から選び，記号で示せ。

　（ア）Cl_2　　（イ）H_2S　　（ウ）KSCN

　（エ）$K_4[Fe(CN)_6]$　　（オ）$K_3[Fe(CN)_6]$

(4) 希硫酸および濃硝酸に対する鉄の反応性の違いについて述べよ。

(1)Fe^{2+}：　　　　　　　Fe^{3+}：

(2) A：　　　　　　　　　　B：

　　C：　　　　　　　　　　D：

(3) (a)　　　(b)　　　(c)　　　(d)

(4)

152. 銅の性質

知識

銅の性質●次の文中の（　）に適当な語句を入れ，下の問いに答えよ。

　溶鉱炉に，（　ア　）（主成分 $CuFeS_2$），ケイ砂，石灰石，コークスを入れて強熱すると，銅の化合物（　イ　）Cu_2S が得られる。空気を吹きこみながら（イ）を加熱すると，粗銅が得られる。粗銅を（　ウ　）することによって純銅が得られる。

　銅は，乾燥空気中では酸化されにくいが，湿った空気中では徐々に酸化され，（　エ　）とよばれる青緑色のさびを生じる。<u>銅は塩酸や希硫酸とは反応しないが，酸化力の強い希硝酸や濃硝酸，熱濃硫酸とは反応して溶ける</u>。

（問）　下線部について，銅と希硝酸，銅と濃硝酸の反応を化学反応式で示せ。ただし，銅と希硝酸の反応ではNO，銅と濃硝酸の反応ではNO_2 が発生するものとする。

（ア）

（イ）

（ウ）

（エ）

希硝酸：

濃硝酸：

153. 銅の化合物

知識

銅の化合物●銅とその化合物の相互関係を図に示す。次の各問いに答えよ。

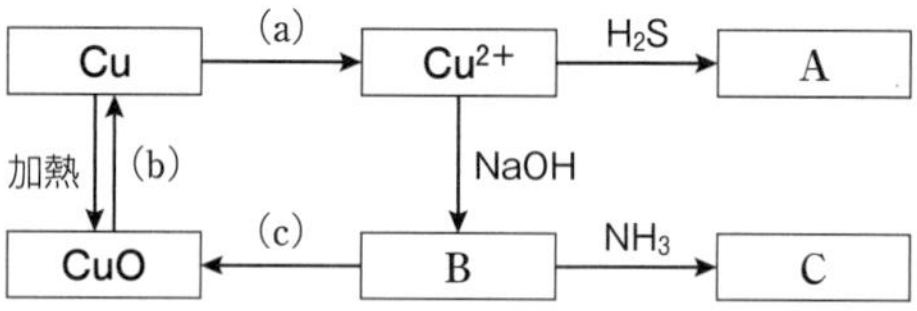

(1) A～Cの化学式および色をそれぞれ記せ。ただし，Cは錯イオンである。

(2) (a)～(c)にあてはまる試薬または操作を次から選び，記号で示せ。

　（ア）H_2　　（イ）O_2　　（ウ）HCl　　（エ）HNO_3　　（オ）加熱

(1)A：

　　B：

　　C：

(2) (a)　　　(b)

　　(c)

154. 銀とその化合物 ●次の文を読み，下の各問いに答えよ。

　銀は，塩酸や希硫酸には溶けないが，熱濃硫酸や ①濃硝酸には反応して溶ける。銀イオンを含む水溶液は（　ア　）色であり，これに水酸化ナトリウム水溶液，または ②少量のアンモニア水を加えると，（　イ　）色の沈殿Aを生成する。この沈殿は多量のアンモニア水に錯イオンBをつくって溶解し，（　ウ　）色の水溶液となる。また，銀イオンを含む水溶液に硫化水素を通じると，（　エ　）色の沈殿Cを生じる。

(1)　文中の（　）に適当な語句を入れ，A〜Cの化学式を示せ。
(2)　下線部①の変化を化学反応式で，下線部②の変化をイオン反応式で表せ。

①　　　　　　　　　　　　②

(1)（ア）　　　　（イ）

　　（ウ）　　　　（エ）

　　A

　　B

　　C

155. ハロゲン化銀 ●次の実験①〜④について，A〜Dの化学式とA〜Cの色を記せ。ただし，錯イオンについては，水溶液の色を記せ。

実験①　硝酸銀水溶液に塩化ナトリウム NaCl 水溶液を加えると，沈殿Aを生じた。

実験②　沈殿Aにアンモニア NH₃ 水を加えると，錯イオンBを生じた。

実験③　沈殿Aにチオ硫酸ナトリウム Na₂S₂O₃ 水溶液を加えると，錯イオンCを生じた。

実験④　沈殿Aに光をあてておくと，分解して黒色のDを生じた。

A

B

C

D

156. 遷移元素の単体と酸の反応 ●表の金属と酸の反応①〜⑦について，反応するかどうかを判断し，反応する場合は化学反応式を記し，反応しない場合は「反応しない」と記せ。

金属	塩酸	希硫酸	濃硝酸	熱濃硫酸
鉄	①	②	③	—
銅	—	④	—	⑤
銀	⑥	—	⑦	—

①　　　　　　　　　　　　②

③　　　　　　　　　　　　④

⑤　　　　　　　　　　　　⑥

⑦

157. 亜鉛とその化合物 ●次の文中の（　）に適当な語句，[　]に化学式を入れ，下の①，②の変化を化学反応式で表せ。

　亜鉛イオン Zn²⁺ を含む水溶液に少量の水酸化ナトリウム水溶液を加えると，白色沈殿 [ア] を生じるが，過剰に加えると，錯イオン [イ] を生じて溶ける。また，[ア]にアンモニア水を加えると，錯イオン [ウ] を生じて溶ける。この水溶液に硫化水素を通じると，（　エ　）色の沈殿 [オ] を生じる。

①亜鉛と塩酸との反応　　②亜鉛と水酸化ナトリウム水溶液との反応

①　　　　　　　　　　　　②

[ア]

[イ]

[ウ]

[エ]

[オ]

158. [知識] **クロムとマンガンの化合物**●下線部が正しい場合は○，誤っている場合は×を記せ。

(ア) クロム酸カリウム水溶液に硝酸銀水溶液を加えると，黄色の沈殿を生じる。

(イ) クロム酸カリウム水溶液に希硫酸を加えると，赤橙色になる。

(ウ) 硫酸酸性で二クロム酸カリウム水溶液を酸化すると，クロム(III)イオンが生じる。

(エ) 酸化マンガン(IV)は，黒色の粉末で，濃塩酸と反応して酸素を発生させる。

(オ) 酸化マンガン(IV)は，乾電池の負極活物質として用いられる。

(カ) 過マンガン酸カリウムは，硫酸酸性水溶液中で強い酸化剤として働く。

(ア) _____

(イ) _____

(ウ) _____

(エ) _____

(オ) _____

(カ) _____

159. [知識] **遷移元素の単体・化合物の利用**●次の(1)～(6)にあてはまる単体または化合物を，下の(ア)～(ス)からそれぞれ1つずつ選べ。

(1) 感光性があり，写真のフィルムに用いられる化合物。

(2) べんがらとよばれ，赤色顔料や磁性材料に用いられる化合物。

(3) 水に触れると青くなるので，水の検出に用いられる化合物。

(4) ターンブルブルーとよばれる濃青色の顔料をつくるときに用いられる化合物。

(5) 水道の蛇口などのめっきとして利用される単体。

(6) 家屋の屋根などに用いられる，緑青(ろくしょう)のもととなる単体。

(ア) $AgBr$　　(イ) $AgNO_3$　　(ウ) Cu　　(エ) CuO

(オ) $CuSO_4$　(カ) MnO_2　　(キ) $KMnO_4$　(ク) Fe

(ケ) Fe_2O_3　(コ) Fe_3O_4　(サ) Cr　　(シ) K_2CrO_4

(ス) $K_3[Fe(CN)_6]$

(1) _____

(2) _____

(3) _____

(4) _____

(5) _____

(6) _____

160. [思考] **遷移元素の推定**●次の文中のA～Dは，銅，鉄，銀，クロムのいずれかである。

① Aは，金属の中で熱や電気を最もよく導く。

② Bを塩酸に溶かしたのち，塩素を通じると，黄褐色の水溶液になる。

③ BとCは，ステンレス鋼の成分である。

④ Dは，塩酸に溶けないが，硝酸に溶けて有色のイオンを生じる。

⑤ Dのイオンを含む水溶液にBを加えると，Bの表面にDが付着する。

(1) A～Dはそれぞれどの金属か。元素記号で示せ。

(2) ⑤の変化をイオン反応式で表せ。

(1) A：_____

　　B：_____

　　C：_____

　　D：_____

161. イオンの推定

次の①～⑨のイオンのうち，いずれか１種類を含む水溶液がある。下の記述(1)～(4)にあてはまるものを，それぞれ１つずつ選べ。

① Ag^+ ② Cu^{2+} ③ Cr^{3+} ④ Fe^{2+} ⑤ Fe^{3+}

⑥ CrO_4^{2-} ⑦ $Cr_2O_7^{2-}$ ⑧ $[Fe(CN)_6]^{3-}$ ⑨ $[Fe(CN)_6]^{4-}$

(1) 水溶液は黄色で，酸を加えると赤橙色の水溶液に変わる。

(2) 水溶液は黄色で，Fe^{2+} を加えると濃青色の沈殿を生じる。

(3) 水溶液は青色で，アンモニア水を多量に加えると深青色の水溶液に変わる。

(4) 水溶液は無色で，塩酸を加えると白色の沈殿を生じる。

(1) _____

(2) _____

(3) _____

(4) _____

［標│準│問│題］

162. 錯イオンの構造

◆次の文中の（   ）に適当な語句や番号を入れ，錯イオンA，Bの化学式と名称を記せ。

非共有電子対をもつ分子やイオンが金属イオンと（ ア ）結合すると，錯イオンが生じる。たとえば，アンモニア分子と銅（Ⅱ）イオンから錯イオンAが，シアン化物イオンと鉄（Ⅲ）イオンから錯イオンBが生じる。また，A，Bの形状は，それぞれ図の（ イ ）および（ ウ ）である。

①直線形   ②正方形

③正四面体形   ④正八面体形

(ア) _____

(イ) _____

(ウ) _____

A： _____

_____

B： _____

_____

163. 遷移元素の推定

◆次の文は，金，銀，銅，鉄のいずれかについて述べたものである。文中の（   ）に物質の化学式と名称を入れ，下線部①～④を化学反応式で表せ。

(1) 金属Aは希硫酸に溶けて（ ア ）を発生し，淡緑色の水溶液になる。また，Aを塩酸に溶かしたのち，<u>①塩素を通じると黄褐色の水溶液になる。</u>

(2) 金属Bは希硫酸には溶けないが，<u>②濃硝酸には溶ける。</u>この水溶液に希塩酸を加えると白色沈殿（ イ ）を生じる。<u>③この沈殿はチオ硫酸ナトリウム水溶液に溶ける。</u>

(3) 金属Cを空気中で加熱すると黒色の酸化物（ ウ ）を生じる。これを希硫酸に溶かすと青色の水溶液が得られ，<u>④この水溶液に金属Aを加えるとAの表面が変色する。</u>

(ア) _____

(イ) _____

(ウ) _____

① _____   ② _____

③ _____   ④ _____

12 | イオンの反応と分離

■1 金属イオンの反応

❶水溶性の塩と難溶性の塩　一般に，陽イオンと陰イオンから塩が生成する。水に溶けやすい塩と溶けにくい塩は，次のように整理することができる。

硝酸塩	すべて水に溶けやすい❶。
塩化物	$AgCl$(白)，$PbCl_2$(白)などを除いて，ほとんどが水に溶けやすい。 （$AgCl$ は(ア　　　)で分解，NH_3 水に可溶。$PbCl_2$ は(イ　　　)に溶解）
硫酸塩	$CaSO_4$(白)，$BaSO_4$(白)，$PbSO_4$(白)などを除いて，水に溶けやすいものが多い。これらの硫酸塩の沈殿は塩酸に溶けない。
炭酸塩	$CaCO_3$(白)，$BaCO_3$(白)など，ほとんどが水に溶けにくい。炭酸塩の沈殿は塩酸に溶ける。 〈例〉$CaCO_3+2HCl \longrightarrow CaCl_2+H_2O+CO_2$
クロム酸塩	Ag_2CrO_4(赤褐)，$PbCrO_4$(黄)，$BaCrO_4$(黄)などは沈殿する。

❶アルカリ金属の塩やアンモニウム塩，酢酸塩もすべて水に溶けやすい。

❷水酸化物の沈殿と錯イオン　アンモニア NH_3 水や水酸化ナトリウム $NaOH$ 水溶液を加えて生じる水酸化物の沈殿の中には，多量に加えると錯イオンをつくって再び溶解するものがある。

金属イオン	OH^- による沈殿		多量の NH_3 水を加える		多量の $NaOH$ 水溶液を加える	
Ag^+	(ウ　　)	褐色	$[Ag(NH_3)_2]^+$	無色	不溶	
Cu^{2+}	$Cu(OH)_2$	青白色	$[Cu(NH_3)_4]^{2+}$ (エ　　)色		不溶	
Zn^{2+}	$Zn(OH)_2$	(オ　)色	(カ　　　　)	無色	(キ　　　　)	無色
Al^{3+}	$Al(OH)_3$	白色	不溶		(ク　　　　)	無色
Pb^{2+}	(ケ　　)	白色	不溶		再溶解❶	無色
Fe^{3+}	水酸化鉄(Ⅲ)❷(コ　　)色		不溶		不溶	
Fe^{2+}	(サ　　)	緑白色	不溶		不溶	

❶$[Pb(OH)_4]^{2-}$ や $[Pb(OH)_3]^-$ など，いろいろな錯イオンを形成して溶解する。
❷$FeO(OH)$ や $Fe_2O_3 \cdot nH_2O$ などの混合物と考えられており，決まった組成式で表すことは難しく，水酸化鉄(Ⅲ)と表している。

❸硫化水素による硫化物の沈殿　金属イオンを含む水溶液に硫化水素 H_2S を通じると，水溶液の酸性，塩基性に応じて，沈殿を生じる場合と生じない場合がある。

酸性，中性，塩基性 のいずれでも沈殿		中性，塩基性 のときに沈殿		沈殿を生じない （炎色反応で確認）
$Ag^+ \longrightarrow Ag_2S$ (シ　)色		$Zn^{2+} \longrightarrow ZnS$ (ソ　)色		Li^+(赤)，　Ca^{2+}(橙赤)
$Pb^{2+} \longrightarrow PbS$ (ス　)色		$Fe^{3+} \longrightarrow FeS$❶ 黒色		Na^+(黄)，Sr^{2+}(赤)
$Cu^{2+} \longrightarrow CuS$ (セ　)色		$Fe^{2+} \longrightarrow FeS$ (タ　)色		K^+(赤紫)，Ba^{2+}(黄緑)
$Hg^{2+} \longrightarrow HgS$ 黒色		$Ni^{2+} \longrightarrow NiS$ 黒色		(　)内は炎色反応❷を示す。
$Cd^{2+} \longrightarrow CdS$ 黄色		$Mn^{2+} \longrightarrow MnS$ 淡赤色		

❶H_2S によって，Fe^{3+} は Fe^{2+} に還元される。　　❷Cu^{2+} の炎色反応は青緑色である。
　　$2Fe^{3+}+H_2S \longrightarrow 2Fe^{2+}+2H^++S$

解答
(ア) 光　(イ) 熱水　(ウ) Ag_2O　(エ) 深青　(オ) 白　(カ) $[Zn(NH_3)_4]^{2+}$　(キ) $[Zn(OH)_4]^{2-}$　(ク) $[Al(OH)_4]^-$
(ケ) $Pb(OH)_2$　(コ) 赤褐　(サ) $Fe(OH)_2$　(シ) 黒　(ス) 黒　(セ) 黒　(ソ) 白　(タ) 黒

❹**おもな金属イオンの反応** ▨▨は沈殿，◖▨◗は溶液を表す。

(a) Cu^{2+} の反応

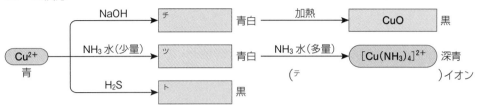

(b) Ag^+ の反応

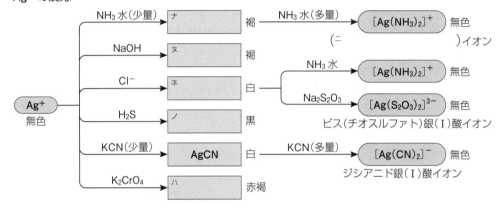

2 金属イオンの分離（系統分離）

いくつかの金属イオンを含む混合水溶液から，次のような試薬と操作によって，各金属イオンを分離することができる。分離のために加える試薬を分属試薬という（図の▨▨▨が分属試薬）。効率よく金属イオンを分離できるように分属試薬を加えていく。

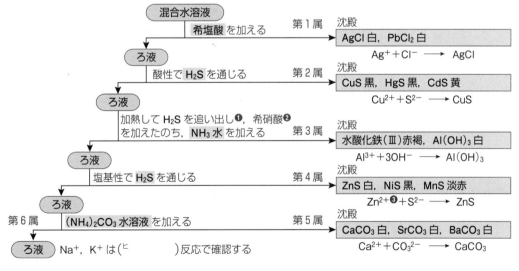

❶H_2S が残っていると，希硝酸を加えたときに（フ　　　）され，硫黄 S の沈殿を生じる。
❷Fe^{3+} は H_2S によって Fe^{2+} に（ヘ　　　）されているので，希硝酸で酸化して再び Fe^{3+} に変える必要がある。
❸ろ液中で Zn^{2+} は（ホ　　　　　）として存在している。

解答
(チ) $Cu(OH)_2$　(ツ) $Cu(OH)_2$　(テ) テトラアンミン銅(II)　(ト) CuS　(ナ) Ag_2O　(ニ) ジアンミン銀(I)　(ヌ) Ag_2O
(ネ) AgCl　(ノ) Ag_2S　(ハ) Ag_2CrO_4　(ヒ) 炎色　(フ) 酸化　(ヘ) 還元　(ホ) $[Zn(NH_3)_4]^{2+}$

164. 知識 **イオンの推定**●(1)～(5)にあてはまるイオンを下の(ア)～(カ)から1つずつ選べ。

(1) 水酸化ナトリウム水溶液を加えると，赤褐色の沈殿を生じる。

(2) アンモニア水を加えると，はじめは青白色の沈殿を生じるが，過剰に加えると深青色の水溶液になる。

(3) クロム酸カリウム水溶液を加えると，赤褐色の沈殿を生じる。

(4) 塩酸を加えると，白色の沈殿を生じる。この沈殿は熱水に溶ける。

(5) 水酸化ナトリウム水溶液を加えると，はじめは白色の沈殿を生じるが，過剰に加えると無色の水溶液になる。アンモニア水でも同様の変化がおこる。

(ア) Ag^+ (イ) Ca^{2+} (ウ) Cu^{2+} (エ) Fe^{3+} (オ) Pb^{2+} (カ) Zn^{2+}

(1)	(2)
(3)	(4)
(5)	

165. 知識 **イオンの検出**●Ag^+，Ba^{2+}，Fe^{3+} の各イオンを含む水溶液がある。次の(1)～(4)の操作で識別できるのは，どのイオンか。それぞれイオンの化学式を示せ。

(1) 水溶液の色を見る。

(2) 希塩酸を加える。

(3) アンモニア水を多量に加える。

(4) 水溶液を白金線につけ，炎の中に入れる。

(1)	(2)
(3)	(4)

166. 思考 **イオンの沈殿**●A欄，B欄に示した2種類の金属イオンを含む水溶液がある。各水溶液から，B欄の金属イオンだけを沈殿させる操作をC欄に示している。C欄の記述のうち，誤りを含むものを1つ選び，番号で示せ。

	A欄	B欄	C欄
①	Zn^{2+}	Cu^{2+}	酸性にして硫化水素を通じる。
②	Zn^{2+}	Al^{3+}	アンモニア水を十分に加える。
③	Ag^+	Pb^{2+}	希塩酸を加える。
④	Cu^{2+}	Ba^{2+}	希硫酸を加える。
⑤	Na^+	Ca^{2+}	炭酸アンモニウム水溶液を加える。

167. 知識 **陰イオンの反応**●次の(1)～(4)にあてはまるものを，[ ]内に示した陰イオンのうちからそれぞれ1つずつ選び，イオンの化学式で示せ。

(1) 銀イオンと黒色沈殿をつくる。 [Cl^- OH^- S^{2-} CrO_4^{2-}]

(2) 鉛(Ⅱ)イオンと黄色沈殿をつくる。 [Cl^- OH^- SO_4^{2-} CrO_4^{2-}]

(3) 鉄(Ⅲ)イオンと濃青色沈殿をつくる。
　　　　　　　　　　[OH^- SCN^- $[Fe(CN)_6]^{3-}$ $[Fe(CN)_6]^{4-}$]

(4) カルシウムイオンやバリウムイオンと，塩酸に溶ける白色沈殿をつくる。
　　　　　　　　　　[Cl^- OH^- CO_3^{2-} SO_4^{2-}]

(1)	
(2)	
(3)	
(4)	

168. 〔知識〕 沈殿の識別●次の(1)～(3)の記述にあてはまる沈殿を〔　　〕内からそれぞれ選べ。

(1)　熱湯をかけたが，沈殿は溶解しなかった。　　　　〔AgCl　PbCl$_2$〕

(2)　希硝酸と加熱したところ，沈殿が溶解し，溶液が青色になった。
　　　　　　　　　　　　　　　　　　　　　　　　　〔PbS　CuS〕

(3)　水酸化ナトリウム水溶液を加えたところ，沈殿が溶解した。
　　　　　　　　　　　　　　　　　　　　　　〔Al(OH)$_3$　Cu(OH)$_2$〕

(1)_____

(2)_____

(3)_____

169. 〔思考〕 イオンの分離●実験に関する次の文を読み，下の各問いに答えよ。

　Ag$^+$，Cu^{2+} および Fe^{3+} を含む混合水溶液から，各イオンを別々の沈殿として取り出す実験を行った。まず，この水溶液に塩酸を加え，(ア)白色沈殿を生じさせた。これをろ過し，ろ液に硫化水素を十分に吹きこみ，(イ)黒色沈殿を生じさせた。これをろ過したのち，ろ液を煮沸してから(A)硝酸を加え，さらにアンモニア水を十分に加えて，(ウ)赤褐色沈殿を生じさせた。

(1)　下線部(ア)，(イ)の沈殿の化学式および(ウ)の沈殿の名称を示せ。

(2)　下線部(A)の操作を行う理由を簡潔に説明せよ。

(1)(ア)_____

　　(イ)_____

　　(ウ)_____

170. 〔思考〕 金属イオンの分離●図は，Pb^{2+}，Zn^{2+}，Cu^{2+} を含む酸性の混合水溶液から，各イオンを分離する操作を示したものである。沈殿A，Bの化学式，およびろ液Cに含まれる金属イオンの化学式(Na$^+$ は除く)をそれぞれ示せ。試薬はそれぞれ十分に加えるものとする。

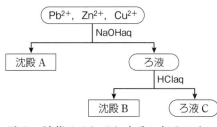

A：_____

B：_____

C：_____

━━━━━━━━━━━━━━━━〔標│準│問│題〕━━━━━━━━━━━━━━━━

171. 〔思考〕 金属イオンの分離◆Ca^{2+}，Cu^{2+}，Al^{3+} および Na$^+$ を含む混合水溶液に適当な試薬を十分に加え，次の手順によって各イオンを分離したい。下の各問いに答えよ。

```
Ca²⁺, Cu²⁺,   酸性   ┌→ 沈殿(i)      ┌→ 沈殿(ii)      ┌→ 沈殿(iii)
Al³⁺, Na⁺  ───(a)──┤          ──┤           ──(b)──┤
                    └→ ろ液  NH₃水 └→ ろ液          └→ ろ液(iv)
```

(1)　(a)，(b)で使用する試薬は，それぞれ次のどれが適当か。

　　(ア)　希塩酸　　(イ)　硫化水素　　(ウ)　炭酸アンモニウム水溶液

(2)　沈殿(i)～(iii)の化学式と，ろ液(iv)に含まれる金属イオンの化学式を示せ。

(3)　混合水溶液中に Fe^{3+} を含むとき，Fe^{3+} は(a)を加えた際にどのように変化するか。イオン反応式で表せ。

(1)(a)_____(b)_____

(2)(i)_____

　(ii)_____

　(iii)_____

　(iv)_____

8 **非金属元素からなる物質**◆身のまわりにある14族元素の単体および化合物に関する記述として下線部に**誤りを含むもの**を，次の①～⑤のうちから1つ選べ。

① 黒鉛は<u>電気をよく通し</u>，アルミニウムの電解精錬に用いられる。

② ガラスを切るときに使われるダイヤモンドは，<u>共有結合の結晶</u>である。

③ 灯油などが不完全燃焼したときに発生する一酸化炭素は，<u>水によく溶ける</u>。

④ ケイ素の単体は<u>半導体の性質</u>を示し，集積回路に用いられる。

⑤ シリカゲルは水と親和性のある微細な孔（あな）をたくさんもつので，<u>乾燥剤に用いられる</u>。

9 **気体の発生と性質**◆表に示す2種類の薬品の反応によって発生する気体**ア～オ**のうち，水上置換で捕集できないものの組み合わせを，次の①～⑤のうちから1つ選べ。

2種類の薬品	発生する気体
Al，NaOH 水溶液	ア
CaF$_2$，濃硫酸	イ
FeS，希硫酸	ウ
KClO$_3$，MnO$_2$	エ
Zn，希塩酸	オ

① アとイ　　② イとウ
③ ウとエ　　④ エとオ　　⑤ アとオ

10 **二酸化硫黄**◆図に示すように，試験管に濃硫酸を入れて加熱しながら，そこに銅線を注意深く浸したところ，刺激臭のある気体Aが発生した。濃硫酸は徐々に着色し，しばらくすると試験管の底に白色の固体Bが沈殿した。固体Bを取り出し水に溶かすと，その溶液は青色となった。この実験で発生した気体Aと生成した固体Bに関する記述として**誤りを含むもの**を，次の①～⑤のうちから1つ選べ。

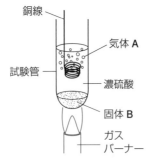

① 気体Aは，下方置換で捕集できる。

② 硫化水素の水溶液に気体Aを通じると，硫黄が析出する。

③ ヨウ素を溶かしたヨウ化カリウム水溶液に気体Aを通じると，ヨウ素の色が消える。

④ 気体Aを水に溶かした水溶液は，中性を示す。

⑤ 固体Bは，硫酸銅（Ⅱ）の無水物（無水塩）である。

11 薬品の性質と保存方法◆化学薬品の性質とその保存方法に関する記述として**誤りを含むもの**を，次の①〜⑤のうちから１つ選べ。

① フッ化水素酸はガラスを腐食するため，ポリエチレンのびんに保存する。

② 水酸化ナトリウムは潮解するため，密閉して保存する。

③ ナトリウムは空気中で酸素や水と反応するため，エタノール中に保存する。

④ 黄リンは空気中で自然発火するため，水中に保存する。

⑤ 濃硝酸は光で分解するため，褐色のびんに保存する。

12 金属元素の性質◆２つの元素に共通する性質として**誤りを含むもの**を，表の①〜⑤のうちから１つ選べ。

	２つの元素	共通する性質
①	K, Sr	炎色反応を示す
②	Sn, Ba	＋2 の酸化数をとりうる
③	Fe, Ag	硫化物は黒色である
④	Na, Ca	炭酸塩は水によく溶ける
⑤	Al, Zn	酸化物の粉末は白色である

13 金属イオンの分離◆**ア**および**イ**のイオンを含む各水溶液から，下線を引いたイオンのみを沈殿として分離したい。最も適当な方法を下の①〜④のうちから１つずつ選べ。

ア $\underline{Pb^{2+}}$, Fe^{2+}, Ca^{2+}　　　**イ** $\underline{Cu^{2+}}$, Pb^{2+}, Al^{3+}

① 水酸化ナトリウム水溶液を過剰に加える。

② アンモニア水を過剰に加える。

③ 室温で希塩酸を加える。

④ アンモニア水を加えて塩基性にしたのち，硫化水素を通じる。

14 金属イオンの分離◆Ag^+, Ba^{2+}, Mn^{2+} を含む酸性水溶液に，KI 水溶液，K_2SO_4 水溶液，NaOH 水溶液を適切な順序で加えて，それぞれの陽イオンを別々の沈殿として分離したい。表１に関連する化合物の水への溶解性，図１に実験操作の手順を示す。図１の操作１〜３で加える水溶液の順序を表２の①〜④とするとき，Ag^+, Ba^{2+}, Mn^{2+} を別々の沈殿として**分離できないもの**はどれか。最も適当なものを１つ選べ。

表１　水への溶解性（○：溶ける，×：溶けにくい）

AgI	×	Ag_2SO_4	○	Ag_2O	×
BaI_2	○	$BaSO_4$	×	$Ba(OH)_2$	○
MnI_2	○	$MnSO_4$	○	$Mn(OH)_2$	×

表２

	操作１	操作２	操作３
①	KI 水溶液	K_2SO_4 水溶液	NaOH 水溶液
②	KI 水溶液	NaOH 水溶液	K_2SO_4 水溶液
③	K_2SO_4 水溶液	KI 水溶液	NaOH 水溶液
④	K_2SO_4 水溶液	NaOH 水溶液	KI 水溶液

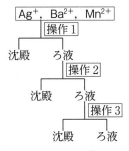

図１　陽イオンを分離する手順

13 | 有機化合物の特徴と構造

1 有機化合物の特徴

①構成元素の種類は少ない（C，H，O，N，Clなど）が，化合物の種類は非常に（ア　　　　）。
②炭素原子間は（イ　　　　）結合で結ばれ，炭素骨格は鎖式構造や（ウ　　　　）構造をとる。
③分子からなる物質が多く，融点・沸点は低い。
④無極性分子や極性の弱い分子が多く，水に難溶のものが多い。有機溶媒には可溶。

2 有機化合物の分類

❶炭素原子の骨格による分類　　　　　　　　❶脂環式化合物は脂肪族化合物に含まれる場合もある。

```
                                        ┌ 飽和化合物 ………… エタン C₂H₆
            ┌ 鎖式化合物（脂肪族化合物）─┤
            │                           └ 不飽和化合物 …… エチレン C₂H₄
有機化合物 ─┤           ┌ 脂環式化合物❶─┬ 飽和化合物 ……… シクロヘキサン C₆H₁₂
            │           │                └ 不飽和化合物 … シクロヘキセン C₆H₁₀
            └ 環式化合物─┤
                        └ 芳香族化合物 ……………………… ベンゼン C₆H₆
```

注 飽和…炭素原子間が単結合のみ　不飽和…炭素原子間に二重結合，三重結合を含む

❷官能基による分類　（エ　　　　）…有機化合物の特性を決める原子団

官能基	官能基の名称	一般式	一般名	例（示性式）	性質
−OH	（オ　　　　）基	R−OH	アルコール フェノール類	エタノール C_2H_5OH フェノール C_6H_5OH	中性 酸性
−CHO >CO	ホルミル基❶ カルボニル基	R−CHO R^1−CO−R^2	アルデヒド❷ ケトン❷	アセトアルデヒド CH_3CHO アセトン CH_3COCH_3	中性❸ 中性
−COOH	（カ　　　　）基	R−COOH	カルボン酸	酢酸 CH_3COOH	酸性
−NH₂	アミノ基	R−NH₂	アミン	アニリン $C_6H_5NH_2$	塩基性
−NO₂	（キ　　　　）基	R−NO₂	ニトロ化合物	ニトロベンゼン $C_6H_5NO_2$	中性
−O−	エーテル結合	R^1−O−R^2	エーテル	ジエチルエーテル $C_2H_5OC_2H_5$	中性
−COO−	エステル結合	R^1−COO−R^2	エステル	酢酸エチル $CH_3COOC_2H_5$	中性

❶アルデヒド基ともよばれる。
❷アルデヒドやケトンのようにカルボニル基をもつ化合物をカルボニル化合物という。
❸アルデヒドは還元作用を示す。

3 元素の確認

有機化合物を構成する元素は次のようにして確認できる。

元素	操作	生成物	確認
炭素 C	完全燃焼させる	CO_2	発生した気体で石灰水を白濁
水素 H	完全燃焼させる	H_2O	生じた液体で硫酸銅（Ⅱ）の無水塩を青変
窒素 N	NaOH を加えて加熱する	NH_3	発生した気体と濃塩酸で白煙を生成
塩素 Cl	加熱した銅線につけて炎に入れる	$CuCl_2$	（ク　　　　）色の炎色反応（バイルシュタインテスト）❶
硫黄 S	NaOH を加えて加熱する	Na_2S	酢酸鉛（Ⅱ）水溶液で（ケ　　　　）色沈殿

❶臭素 Br，ヨウ素 I を含む化合物でも同様の反応を示す。バイルシュタイン反応ともいう。

解答
（ア）多い　（イ）共有　（ウ）環式　（エ）官能基　（オ）ヒドロキシ　（カ）カルボキシ　（キ）ニトロ　（ク）青緑　（ケ）黒

4 化学式の決定

$$試料 \xrightarrow[\text{❶}]{\text{元素分析}} 組成式(実験式) \xrightarrow[\text{❷}]{\text{分子量}} 分子式 \xrightarrow[\text{❸}]{\text{性質}} 構造式(示性式)$$

❶組成式の決定

C，H，O を含む有機化合物 W〔g〕 $\xrightarrow{\text{完全燃焼}}$ CO_2…w_{CO_2}〔g〕，H_2O…w_{H_2O}〔g〕

C：$w_{CO_2} \times \dfrac{C}{CO_2} = w_{CO_2} \times \dfrac{12}{44} = a$

H：$w_{H_2O} \times \dfrac{2H}{H_2O} = w_{H_2O} \times \dfrac{2.0}{18} = b$

O：$W - (a+b) = c$

C：H：O $= \dfrac{a}{12} : \dfrac{b}{1.0} : \dfrac{c}{16} = x : y : z$ （整数比）

組成式は(コ   )となる。

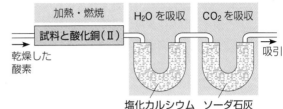

加熱・燃焼　　H₂O を吸収　　CO₂ を吸収

試料と酸化銅（Ⅱ）

乾燥した　　　　　　　　　　　　　吸引
酸素

塩化カルシウム　ソーダ石灰

注 質量組成値が与えられた場合　　C…A〔%〕　　H…B〔%〕　　O…$100-(A+B)$〔%〕

C：H：O $= \dfrac{A}{12} : \dfrac{B}{1.0} : \dfrac{100-(A+B)}{16} = x : y : z$ （整数比）

❷分子式の決定

$(C_xH_yO_z)_n =$（組成式の式量）$\times n =$（分子量）から n を求め，分子式 $C_{nx}H_{ny}O_{nz}$ とする。

❸構造式の決定
化合物の性質から官能基を決定し，線(価標)の数に留意して構造式を書く。

線の数：C…4，H…1，O…2，N…3，Cl…1

5 異性体

分子式は同じであるが，構造や性質の異なる化合物。

❶構造異性体
炭素原子の骨格，官能基の種類，置換基の結合位置が異なる異性体。

〈例〉　C_4H_{10}　$CH_3-CH_2-CH_2-CH_3$　　$CH_3-\underset{\underset{CH_3}{|}}{CH}-CH_3$

　　　　　　　　ブタン　　　　　　　　　　　　　　　　2-メチルプロパン

　　　　C_2H_6O　CH_3-CH_2-OH　エタノール　　CH_3-O-CH_3　ジメチルエーテル

　　　　C_3H_7Br　$CH_3-CH_2-CH_2-Br$　　　　$CH_3-\underset{\underset{Br}{|}}{CH}-CH_3$

　　　　　　　　　1-ブロモプロパン　　　　　　　　　　　2-ブロモプロパン

❷立体異性体
示性式は同じであるが，原子や原子団の立体配置が異なる異性体。

(a) (サ   )異性体(幾何異性体)…炭素原子間の結合が自由回転できないために生じ，沸点や融点が異なる。二重結合をもつ化合物や環式化合物にみられる。

 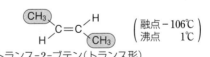

〈例〉

$\left(\begin{array}{l}融点 -139℃\\沸点　　4℃\end{array}\right)$　　シス-2-ブテン(シス形)

$\left(\begin{array}{l}融点 -106℃\\沸点　　1℃\end{array}\right)$　　トランス-2-ブテン(トランス形)

(b) (シ   )異性体(光学異性体)…(ス   )原子[*]をもつため，互いに鏡像の関係にある。沸点や融点は同じであるが，偏光に対する性質が異なる。

*不斉炭素原子…同一炭素原子に4個の異なる原子や原子団が結合した炭素原子(図中の*が不斉炭素原子)

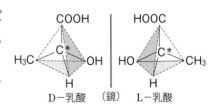

D−乳酸　　（鏡）　　L−乳酸

解答
（コ）$C_xH_yO_z$　（サ）シス-トランス　（シ）鏡像　（ス）不斉炭素

|基|本|問|題|

172. 【知識】**有機化合物の特徴**●有機化合物に関する次の記述のうち，正しいもの
を1つ選べ。

（ア）　構成元素の種類が多いため，化合物の種類も非常に多い。

（イ）　分子式が同じでも，構造や性質の異なるものがある。

（ウ）　一般に，融点や沸点が高く，可燃性のものが多い。

（エ）　分子からなる物質が多く，水に溶けやすいが，有機溶媒には溶けにくい。

173. 【知識】**有機化合物の分類**●次の化合物について，下の各問いに答えよ。

（ア）　$CH_3\underline{CHO}$　　　（イ）　$CH_3\underline{CO}CH_3$　　　（ウ）　$C_2H_5\underline{COOH}$

（エ）　$C_2H_5\underline{OH}$　　　（オ）　$C_6H_5\underline{NO_2}$　　　（カ）　$CH_3\underline{NH_2}$

（1）　各化合物中に下線を付した官能基について，それぞれの名称を記せ。

（ア）	（イ）	（ウ）
（エ）	（オ）	（カ）

（2）　各化合物は，官能基による分類では何とよばれるか。その名称を記せ。

（ア）	（イ）	（ウ）
（エ）	（オ）	（カ）

（3）　これらの化合物の中から，次の(a)，(b)にあてはまるものをそれぞれ選
べ。

（a）　酸性を示すもの　　　（b）　塩基性を示すもの

(3) (a)

(b)

174. 【思考】**元素分析**●図は，元素分析装置を模式的に示
したものである。炭素と水素からなる化合物 10.5
mg を完全燃焼させたところ，水 18.9mg と二酸化
炭素 30.8mg を得た。

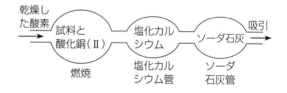

（1）　酸化銅（Ⅱ）はどのような役割をしているか。

（2）　塩化カルシウム管とソーダ石灰管は，それぞれどのような役割をしているか。

塩化カルシウム管：

ソーダ石灰管：

（3）　塩化カルシウム管とソーダ石灰管の順番を逆にしてはいけないのはなぜか。

（4）　元素分析の結果から，化合物中の炭素原子と水素原子の質量パー
セントを求めよ。

(4)炭素：

水素：

175. 組成式・分子式の決定●炭素, 水素, 酸素からなる有機化合物について元素分析した結果, 炭素は40.0%, 水素は6.7%, 酸素は53.3%であり, 別の実験から求めた分子量は60であった。この有機化合物の組成式および分子式を求めよ。

組成式：＿＿＿＿＿＿＿＿＿＿

分子式：＿＿＿＿＿＿＿＿＿＿

176. 構造異性体●次の各問いに答えよ。

(1) 次の化合物のうち, (ア)と互いに構造異性体の関係にあるものをすべて選べ。

(ア) $CH_3-O-CH_2-CH_3$

(イ) $CH_3-CH_2-O-CH_3$

(ウ) $CH_3-CH_2-CH_2-OH$

(エ) $CH_3-\underset{\underset{O}{\|}}{C}-CH_3$

(オ) $CH_3-\underset{\underset{OH}{|}}{CH}-CH_3$

(カ) $CH_3-CH_2-\underset{\underset{O}{\|}}{C}-H$

(1) ＿＿＿＿＿＿＿＿＿＿

(2) 次の分子式で表される各化合物の構造異性体をすべて構造式で示せ。

(ア) C_4H_{10}　(イ) $C_3H_6Cl_2$　(ウ) C_2H_4O　(エ) C_3H_9N

(ア)

(イ)

(ウ)

(エ)

177. 立体異性体●次の文中の(　)に適当な語句を入れよ。

炭素原子間の結合が自由に回転できないために生じる立体異性体を(　ア　)異性体という。(ア)異性体は, 二重結合をもつ化合物などにみられる。(ア)異性体のうち, 炭素原子間の結合をはさみ, 同種の原子や原子団が同じ側に位置するものを(　イ　)形, 反対側に位置するものを(　ウ　)形という。

4つの異なる原子, 原子団が結合している炭素原子を(　エ　)という。(エ)をもつ分子には, 右手と左手, または鏡に対する実像と鏡像の関係にある2つの異性体が存在している。このような立体異性体を(　オ　)異性体という。

(ア) ＿＿＿＿＿＿＿＿

(イ) ＿＿＿＿＿＿＿＿

(ウ) ＿＿＿＿＿＿＿＿

(エ) ＿＿＿＿＿＿＿＿

(オ) ＿＿＿＿＿＿＿＿

178. **立体異性体**●次の各問いに答えよ。

(1) 次の(ア)～(オ)の化合物のうち，シス-トランス異性体が存在するものをすべて選び，記号で記せ。

(ア) $CH_2=C(CH_3)_2$

(イ) $CH_3-CH=C(CH_3)_2$

(ウ) $CH_3-CH=CH-COOH$

(エ) $HOOC-CH=CH-COOH$

(オ) $(CH_3)_2C=C(COOH)_2$

(2) 次の(ア)～(オ)の化合物のうち，鏡像異性体が存在するものをすべて選び，記号で記せ。

(ア) $CH_3-\overset{\underset{|}{OH}}{CH}-CH_3$

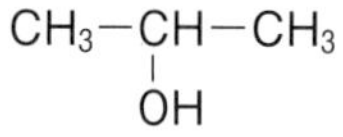

(イ) $CH_3-CH_2-\overset{\underset{|}{OH}}{CH}-CH_3$

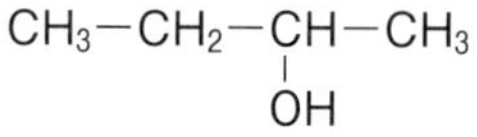

(ウ) $CH_3-\overset{\underset{||}{O}}{C}-CH_2-CH_3$

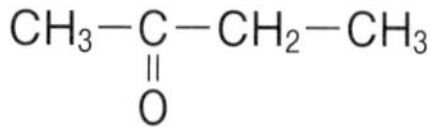

(エ) $CH_3-\overset{\underset{|}{CH_3}}{CH}-COOH$

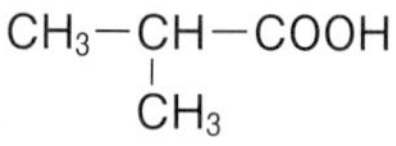

(オ) $CH_3-\overset{\underset{|}{OH}}{CH}-COOH$

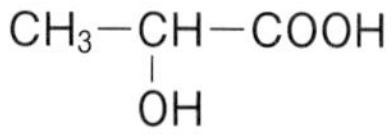

(1) _____

(2) _____

［標｜準｜問｜題］

179. **化学式の決定**◆炭素，水素，酸素からなる有機化合物4.6mgを完全燃焼させると，二酸化炭素8.8mgと水5.4mgを生じた。また，別の実験でこの有機化合物23gの物質量を調べると，0.50molであった。次の各問いに答えよ。

(1) この有機化合物の組成式と分子式を求めよ。

(2) この有機化合物の構造異性体をすべて構造式で示せ。

(1)組成式： _____

分子式： _____

(2) _____

14 | 脂肪族炭化水素

1 炭化水素の分類と構造

炭化水素は，脂肪族炭化水素と芳香族炭化水素とに分類される。

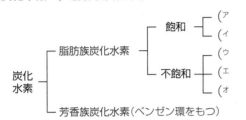

炭化水素			
	脂肪族炭化水素	飽和	（ア　　　　）（鎖式，単結合のみ）　　　一般式 C_nH_{2n+2}
			（イ　　　　）（環式，単結合のみ）　　　一般式 C_nH_{2n}
		不飽和	（ウ　　　　）（鎖式，C＝C 二重結合 1 個）　一般式 C_nH_{2n}
			（エ　　　　）（鎖式，C≡C 三重結合 1 個）　一般式 C_nH_{2n-2}
			（オ　　　　）（環式，C＝C 二重結合 1 個）
	芳香族炭化水素（ベンゼン環をもつ）			一般式 C_nH_{2n-6}

注 ・アルカン C_nH_{2n+2} のように，原子数が CH_2 ずつ異なる一群の化合物を**同族体**という。
・アルカン分子の水素原子を 1 つ取り除いた原子団 $C_nH_{2n+1}-$ を**アルキル基**という。アルキル基などの炭化水素基は，R－という記号で表されることが多い。
〈例〉　メチル基　CH_3-　　エチル基　CH_3CH_2-　　プロピル基　$CH_3CH_2CH_2-$
　　　　ビニル基　$CH_2=CH-$　　フェニル基　C_6H_5-

2 石油
原油の主成分はアルカンやシクロアルカンなどの炭化水素である。

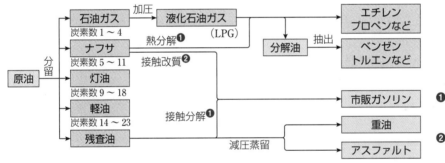

❶熱分解と接触分解はクラッキングともよばれる。
❷接触改質はリホーミングともよばれる。

3 脂肪族炭化水素の構造

❶飽和炭化水素

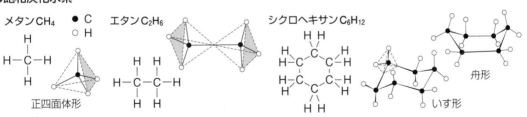

メタンCH_4　●C　○H
正四面体形

エタンC_2H_6

シクロヘキサンC_6H_{12}
いす形　舟形

❷不飽和炭化水素

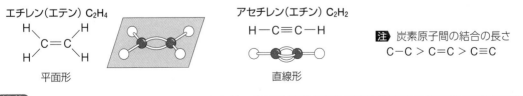

エチレン（エテン）C_2H_4
平面形

アセチレン（エチン）C_2H_2
直線形

注 炭素原子間の結合の長さ
C－C ＞ C＝C ＞ C≡C

解答
（ア）アルカン　（イ）シクロアルカン　（ウ）アルケン　（エ）アルキン　（オ）シクロアルケン

4 脂肪族炭化水素の化学的性質

❶飽和炭化水素

（a）　アルカン C_nH_{2n+2}

CH_4	メタン	（気体）
C_2H_6	エタン	（気体）
C_3H_8	プロパン	（気体）
C_4H_{10}	ブタン	（気体）
C_5H_{12}	ペンタン	（液体）
C_6H_{14}	ヘキサン	（液体）

①（ᵏ　　　　）結合のみからなる鎖式炭化水素

②付加反応をしない。紫外線の作用で，塩素や臭素などハロゲンの単体と

　（ᵏ　　　　）反応がおこる

〈例〉　$CH_4+Cl_2 \longrightarrow CH_3Cl+HCl$

$$CH_4 \longrightarrow CH_3Cl \longrightarrow CH_2Cl_2 \longrightarrow CHCl_3 \longrightarrow CCl_4$$
メタン　　　　　クロロメタン　　　　ジクロロメタン　　　トリクロロメタン　　テトラクロロメタン
　　　　　　　　（塩化メチル）　　　（塩化メチレン）　　（クロロホルム）　　（四塩化炭素）

③炭素数が増加するにつれて，融点や沸点が（ᵍ　　　　）なる

④天然ガスや石油中に含まれ，多量の熱を発生して燃焼。燃料に利用

⑤炭素数が4以上のものには，（ᵏ　　　　）異性体が存在

〈例〉　C_4H_{10}（2種類），C_5H_{12}（3種類），C_6H_{14}（5種類）など

メタン　①無色の気体　②水に難溶　③（ᶜ　　　　　　　　）の主成分

製法　酢酸ナトリウムと水酸化ナトリウムの混合物を加熱。

　　　　$CH_3COONa+NaOH \longrightarrow CH_4+Na_2CO_3$

（b）　シクロアルカン C_nH_{2n}

C_3H_6	シクロプロパン	（気体）
C_4H_8	シクロブタン	（気体）
C_5H_{10}	シクロペンタン	（液体）
C_6H_{12}	シクロヘキサン	（液体）

①単結合のみからなる（ˢ　　　　）炭化水素

②化学的性質は（ˢ　　　　）に類似。ただし，シクロプロパン，

　シクロブタンは反応性が高い

③アルケンと（ˢ　　　　）異性体の関係にある

❷不飽和炭化水素

（a）　アルケン C_nH_{2n}

C_2H_4	エチレン	（気体）
C_3H_6	プロペン	（気体）
C_4H_8	ブテン	（気体）*

* 1-ブテン，2-ブテンとも気体である。

①（ˢᵉ　　　　）結合を1個もつ鎖状の炭化水素

②（ˢᵒ　　　　）反応をしやすい。臭素水の赤褐色や硫酸酸性の $KMnO_4$ 水溶
液の赤紫色を脱色（不飽和結合の検出）

エチレン（エテン）　①無色の気体　②水に難溶　③植物ホルモン

製法　約170℃に加熱した（ᵗᵃ　　　　）にエタノールを加える。

　　　　$CH_3CH_2OH \longrightarrow CH_2＝CH_2+H_2O$（分子内脱水）

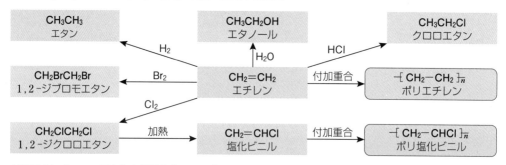

付加重合において，反応物を単量体（モノマー），生成物を重合体（ポリマー）という。

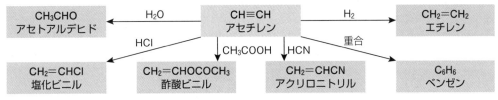

プロペン（プロピレン）　①無色の気体　②水に難溶　③化学的性質はエチレンに類似
④プロペンに（ᵗ　　　　）を付加させると，2種類のアルコールが生成

$$CH_3-CH=CH_2 + H_2O \longrightarrow \begin{cases} CH_3CH_2CH_2OH \quad \text{1-プロパノール} \\ CH_3CH(OH)CH_3 \quad \text{2-プロパノール} \end{cases}$$
プロペン

(b)　アルケンの酸化 発展

C＝C 結合はオゾン O_3 や過マンガン酸カリウム $KMnO_4$ によって酸化され，開裂する。

オゾン分解

$$\begin{matrix} R^1 \\ R^2 \end{matrix}C=C\begin{matrix} R^3 \\ H \end{matrix} \xrightarrow[\text{還元剤}]{O_3} \begin{matrix} R^1 \\ R^2 \end{matrix}C=O + O=C\begin{matrix} R^3 \\ H \end{matrix}$$
ケトン　アルデヒド

過マンガン酸カリウムによる酸化

$$\begin{matrix} R^1 \\ R^2 \end{matrix}C=C\begin{matrix} R^3 \\ H \end{matrix} \xrightarrow{KMnO_4} \begin{matrix} R^1 \\ R^2 \end{matrix}C=O + O=C\begin{matrix} R^3 \\ OH \end{matrix}$$
ケトン　カルボン酸

(c)　アルキン C_nH_{2n-2}　（ᵗ　　　　）結合を1個もち，付加反応や（ᵗ　　　　）反応を行う。

アセチレン（エチン）　①無色の気体　②臭素水の赤褐色や硫酸酸性の $KMnO_4$ 水溶液の赤紫色を脱色
（不飽和結合の検出）
③アンモニア性硝酸銀水溶液に通じると，銀アセチリド $AgC≡CAg$ の白色沈殿
が生成

製法　（ᵗ　　　　　　　　　）（カーバイド）CaC_2 に水を加える。　$CaC_2+2H_2O \longrightarrow C_2H_2+Ca(OH)_2$

CH_3CHO アセトアルデヒド $\xleftarrow{H_2O}$ | $CH≡CH$ アセチレン | $\xrightarrow{H_2}$ $CH_2=CH_2$ エチレン

HCl → $CH_2=CHCl$ 塩化ビニル　$\downarrow CH_3COOH$ $CH_2=CHOCOCH_3$ 酢酸ビニル　HCN↓ $CH_2=CHCN$ アクリロニトリル　重合 → C_6H_6 ベンゼン

多数のアセチレン分子を付加重合させると，ポリアセチレン $\{CH=CH\}_n$ が得られる。

解答
（チ）水　（ツ）三重　（テ）重合　（ト）炭化カルシウム

基本問題

知識
180. 炭化水素の構造式 ●次の(1)～(6)の物質の構造式を例にならって示せ。
また，(7)～(9)で示される物質の名称を記せ。

〈例〉　エタン CH_3-CH_3　シクロプロパン CH_2-CH_2（上にCH_2）　エチレン $CH_2=CH_2$

(1)　アセチレン　　　　　　　　(2)　プロパン　　　　　　　　(3)　プロペン

_____　　　　_____　　　　_____

(4)　1-ブテン　　　　　　　　(5)　2-ブテン　　　　　　　　(6)　シクロペンタン

_____　　　　_____　　　　_____

(7)　$CHCl_3$　　　　　　　　(8)　$CH_3-CH(CH_3)-CH_3$　　(9)　$CH_2=C(CH_3)_2$

_____　　　　_____　　　　_____

181. [知識] **メタン**●メタンに関して，次の各問いに答えよ。

(1) 酢酸ナトリウムと水酸化ナトリウムを混合して加熱すると，メタンが発生する。この変化を化学反応式で表せ。

_____

(2) メタンに塩素を加えて光を照射したときに生じる4種類の置換体の化学式と名称を記せ。

_____ , _____   _____ , _____

_____ , _____   _____ , _____

(3) 同温・同圧で同体積のメタンとプロパンをそれぞれ完全燃焼させるとき，必要な酸素の体積比を最も簡単な整数比で示せ。

(3)メタン：プロパン

= _____ : _____

---

182. [知識] **エチレン**●次の文中の（　）に適当な語句または数値を入れよ。

エチレンは，エタノールと濃硫酸を約（　ア　）℃に加熱すると得られる。エチレン分子を構成する原子は，すべて同一（　イ　）上にあり，2つの CH_2 は二重結合を軸にした回転ができない。臭素水にエチレンを通じると，その水溶液の（　ウ　）色が消える。これは（　エ　）反応がおこるためである。また，リン酸を触媒として，水を(エ)反応させると（　オ　）を生じる。適当な触媒を用いて，多数のエチレン分子を（　カ　）させると，高分子である（　キ　）が生成する。

（ア）_____

（イ）_____

（ウ）_____

（エ）_____

（オ）_____

（カ）_____

（キ）_____

---

183. [知識] **アセチレン**●図はアセチレン $CH \equiv CH$ を原料とする有機化合物の合成経路である。A～Hに適切な化合物の示性式と名称を記せ。ただし，Bは組成式と名称を記せ。

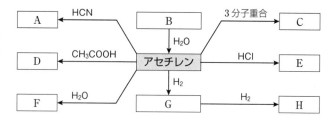

A : _____ ,   B : _____

C : _____ ,   D : _____

E : _____ ,   F : _____

G : _____ ,   H : _____

184. 石油の精製 [知識] ●次の記述のうち，誤っているものを1つ選べ。

（ア）　原油の主成分は，アルカンやシクロアルカンなどの炭化水素である。

（イ）　原油の分留によって得られるナフサの沸点は，灯油の沸点よりも高い。

（ウ）　ナフサの熱分解によって，工業原料であるエチレンなどが得られる。

（エ）　市販のガソリンには，ナフサの接触改質によって得られる成分が含まれる。

_____

185. 炭化水素の反応 [知識] ●次の(1)〜(5)の反応を化学反応式で表せ。

(1)　メタンに塩素を加えて光を照射すると，クロロメタンを生じた。

_____

(2)　エタノールと濃硫酸の混合物を約170℃で加熱すると，エチレンが発生した。

_____

(3)　炭化カルシウム(カーバイド)に水を加えると，アセチレンが発生した。

_____

(4)　エチレンに臭素が付加して，1,2-ジブロモエタンが生成した。

_____

(5)　アセチレンが重合して，ベンゼンが生成した。

_____

186. 炭化水素の異性体 [知識] ●次の記述のうち，正しいものを1つ選べ。

（ア）　プロパンには，構造異性体が存在する。

（イ）　ブタンには，シス-トランス異性体(幾何異性体)が存在する。

（ウ）　ペンタン C_5H_{12} には，3つの構造異性体が存在する。

（エ）　分子式 C_3H_6 で示される炭化水素には，異性体が存在しない。

（オ）　分子式 C_4H_8 で示されるアルケンには，構造異性体が2種類，シス-トランス異性体が3種類存在する。

187. 炭化水素の構造と性質 [知識] ●次の(1)，(2)の条件にあてはまる化合物をすべて選び，①〜⑤の番号で示せ。

(1)　分子をつくっている原子がすべて同一平面上にある化合物

(2)　付加反応によって臭素水を脱色する化合物

(1) _____

(2) _____

①　CH_3CH_3　　　　②　$CH_3CH(CH_3)CH_3$　　　　③　$CH_2=CH_2$

④　$CH≡CH$　　　　⑤　$CH_3CH=CHCH_3$

188. 炭化水素の燃焼●次の各問いに答えよ。

思考

(1) 炭化水素の一般式を C_mH_n として，炭化水素の完全燃焼を化学反応式で表せ。

(2) ある炭化水素 1 mol を完全燃焼させたところ，二酸化炭素 4 mol と水 4 mol が生成した。この炭化水素の分子式を示せ。

(2) ＿＿＿＿＿＿＿

(3) あるアルケン C_nH_{2n} 1 mol を完全燃焼させるのに，酸素が 3 mol 必要であった。このアルケンの分子式を示せ。

(3) ＿＿＿＿＿＿＿

189. 付加反応●次の各問いに答えよ。

思考

(1) ある炭化水素を 0 ℃，$1.013×10^5$ Pa で 3.0 L とって完全燃焼させたところ，同温・同圧で 9.0 L の二酸化炭素が得られた。また，炭化水素 3.0 L に水素を付加させると，同温・同圧で 6.0 L の水素が吸収された。この炭化水素の分子式を次から選べ。

(1) ＿＿＿＿＿＿＿

(2) ＿＿＿＿＿＿＿

　① C_2H_2　　② C_2H_4　　③ C_3H_4
　④ C_3H_6　　⑤ C_4H_6　　⑥ C_4H_8

(2) 5.60 g のアルケン C_nH_{2n} に臭素 Br_2 を完全に反応させたところ，37.6 g の化合物 $C_nH_{2n}Br_2$ を得た。このアルケンの炭素数 n を次から選べ。

　① 1　　② 2　　③ 3　　④ 4　　⑤ 5　　⑥ 6

━━━━━━━━━━━━━━━━━━ [標|準|問|題] ━━━━━━━━━━━━━━━━━━

190. 炭化水素の構造推定◆あるアルケンAに臭素を反応させたところ，アルケンAの約3.3倍の分子量をもつ生成物が得られた。また，このアルケンAに水素を反応させると，アルカンBが生成した。次の各問いに答えよ。

思考

(1) ＿＿＿＿＿＿＿

(2) ＿＿＿＿＿＿＿

(1) アルケンAの分子式を示せ。

(2) この反応で生じたアルカンBとして考えられる構造式は何種類か。

191. オゾン分解◆有機化合物Aは，分子量が 70 のアルケンである。一般に，炭素原子間の二重結合をオゾン分解すると，二重結合が切断され，次に示すように，カルボニル基をもつ２つの化合物が生じる。

思考 **発展**

$$＞C＝C＜ \xrightarrow{O_3} ＞C＝O + O＝C＜$$

この反応を用い，化合物Aの二重結合を切断すると，アセトアルデヒド CH_3CHO とアセトン CH_3COCH_3 を生じた。化合物Aの構造式を示せ。

15 | 酸素を含む脂肪族化合物

1 アルコール R－OH（ヒドロキシ基）

ヒドロキシ基の数による分類		炭化水素基の数による分類	
1価アルコール （－OH 1個）	CH_3OH C_2H_5OH C_3H_7OH C_4H_9OH	第一級アルコール R－CH_2－OH	CH_3OH CH_3CH_2OH メタノール エタノール
2価アルコール （－OH 2個）	CH_2－OH エチレン | CH_2－OH グリコール	第二級アルコール R^1 | R^2－CH－OH	CH_3 | CH_3－CH－OH 2-プロパノール
3価アルコール （－OH 3個）	CH_2－OH | CH－OH グリセリン | CH_2－OH	第三級アルコール R^1 | R^2－C－OH | R^3	CH_3 | CH_3－C－OH | CH_3 2-メチル-2-プロパノール

①(ア　　　　)分子。炭素数3までのアルコールは水に可溶で，炭素数4以上のアルコールは水に難溶。
水溶液は中性。水溶液中で水分子との間に(イ　　　　)結合を形成

②酸化されると，第一級アルコールはアルデヒドを経て(ウ　　　　　　　　)を生成し，第二級アルコール
は(エ　　　　　)を生成。第三級アルコールは酸化されにくい

<例> CH_3OH ⇄ HCHO ⇄ HCOOH
メタノール　ホルムアルデヒド　ギ酸

CH_3CH_2OH ⇄ CH_3CHO ⇄ CH_3COOH
エタノール　アセトアルデヒド　酢酸

<例> CH_3－CH－CH_3 ⇄ CH_3－C－CH_3
2-プロパノール　　　アセトン

③アルカリ金属と反応して(オ　　　　　)を発生し，ナトリウムアルコキシド R－ONa を生成

$2R－OH + 2Na \longrightarrow 2R－ONa + H_2$

〈例〉 $2CH_3OH + 2Na \longrightarrow 2CH_3ONa + H_2$ （CH_3ONa：ナトリウムメトキシド）

④分子内で脱水すると，(カ　　　　　　)を生成（分子内脱水：脱離）

R^1－CH－CH－R^2 $\longrightarrow$ R^1－CH＝CH－R^2
　　H　OH

〈例〉 $CH_3CH_2OH \longrightarrow CH_2＝CH_2 + H_2O$ （濃硫酸，約170℃）

⑤分子間で脱水すると，(キ　　　　　　)を生成（分子間脱水：縮合）

R^1－O－H + H－O－R^2 $\longrightarrow$ R^1－O－R^2 + H_2O

〈例〉 $C_2H_5－OH + HO－C_2H_5 \longrightarrow C_2H_5－O－C_2H_5 + H_2O$ （濃硫酸，約140℃）

⑥カルボン酸（またはオキソ酸）と反応して，(ク　　　　　　)を生成（縮合）

R^1－C－OH + H－O－R^2 $\longrightarrow$ R^1－C－O－R^2 + H_2O
　　‖　　　　　　　　　　　　　‖
　　O　　　　　　　　　　　　　O

解答
（ア）極性　（イ）水素　（ウ）カルボン酸　（エ）ケトン　（オ）水素　（カ）アルケン　（キ）エーテル　（ク）エステル

第Ⅳ章 有機化合物

メタノール	①無色，芳香のある有毒な液体(沸点65℃)　②酸化すると HCHO を経て HCOOH になる
	③溶媒，燃料，薬品の原料

製法　①木材の乾留　②合成ガス CO＋2H$_2$ $\longrightarrow$ CH$_3$OH　（触媒：ZnO）

エタノール	①無色，芳香のある液体(沸点78℃)　②酸化すると CH$_3$CHO を経て CH$_3$COOH になる
	③ヨードホルム反応を示す　④溶媒，燃料，酒類，消毒薬

製法　①(ケ　　　　　　　)発酵　C$_6$H$_{12}$O$_6$ $\longrightarrow$ 2C$_2$H$_5$OH ＋ 2CO$_2$

　　　　②エチレンへの水付加　CH$_2$＝CH$_2$ ＋ H$_2$O $\longrightarrow$ C$_2$H$_5$OH　（触媒：リン酸）

(コ　　　　　　　　　　)反応…右に示す構造をもつ化合物が，ヨウ素
の塩基性水溶液と反応して特異臭の黄色沈殿(ヨードホルム
CHI$_3$)を生じる反応

$$CH_3-\overset{\displaystyle |}{\underset{\displaystyle O}{C}}-R \qquad CH_3-\overset{\displaystyle |}{\underset{\displaystyle OH}{CH}}-R$$

R：炭化水素基
または水素原子
〈例〉　エタノール，2-プロパノール，
アセトアルデヒド，アセトン

2 エーテル R^1－O－R^2(エーテル結合)

CH$_3$OCH$_3$　　　　C$_2$H$_5$OC$_2$H$_5$　　　　CH$_3$OC$_2$H$_5$
ジメチルエーテル　　ジエチルエーテル　　エチルメチルエーテル

ジエチルエーテル	①無色，芳香の液体(沸点34.5℃)　②水に難溶，麻酔性，引火性

製法　約140℃に加熱した(サ　　　　　　)にエタノールを加える(縮合)

注　異なる炭化水素基をもつエーテルの合成　C$_2$H$_5$－ONa ＋ CH$_3$－I $\longrightarrow$ C$_2$H$_5$－O－CH$_3$ ＋ NaI

3 アルデヒド R－CHO(ホルミル基)

HCHO　　　　　　CH$_3$CHO　　　　　CH$_3$CH$_2$CHO
ホルムアルデヒド　　アセトアルデヒド　　プロピオンアルデヒド

①刺激臭をもつ　②(シ　　　　　　)作用を示し，容易に酸化されてカルボン酸を生じる
〈例〉　アンモニア性硝酸銀水溶液を還元し，銀を析出((ス　　　　　　)反応)。
　　　(セ　　　　　　　　)液を還元し，酸化銅(Ⅰ)Cu$_2$O の赤色沈殿を生成。

ホルムアルデヒド	①無色，刺激臭の気体　②酸化されて HCOOH　③水に溶けやすい
	④ホルマリン(HCHO を約37％含む)は標本の保存液，合成樹脂の原料に利用

製法　メタノールの酸化　CH$_3$OH $\xrightarrow[\text{Cu}]{\text{O}_2}$ HCHO

アセトアルデヒド	①無色，刺激臭の液体(沸点20℃)　②酸化されて CH$_3$COOH
	③ヨードホルム反応を示す　④化学薬品の原料

製法　エタノールの酸化　C$_2$H$_5$OH $\xrightarrow{\text{酸化}}$ CH$_3$CHO

　　　　エチレンの酸化　　CH$_2$＝CH$_2$ $\xrightarrow[\text{Pd塩, Cu塩}]{\text{O}_2}$ CH$_3$CHO

4 ケトン R^1－CO－R^2(カルボニル基)

CH$_3$COCH$_3$　　　　CH$_3$COC$_2$H$_5$　　　　アルデヒドやケトンなどを総称して，カルボニル化合物と
アセトン　　　エチルメチルケトン　　　いう。

①酸化されにくく，(ソ　　　　　　)作用を示さない　②第二級アルコールの酸化

アセトン	①無色，揮発性の液体　②水によく溶ける　③(タ　　　　　　　　)反応を示す
	④溶媒

製法　①2-プロパノールの酸化　CH$_3$CH(OH)CH$_3$ $\xrightarrow{\text{K}_2\text{Cr}_2\text{O}_7}$ CH$_3$COCH$_3$

　　　　②酢酸カルシウムの乾留　(CH$_3$COO)$_2$Ca $\longrightarrow$ CH$_3$COCH$_3$＋CaCO$_3$

解答
(ケ) アルコール　(コ) ヨードホルム　(サ) 濃硫酸　(シ) 還元　(ス) 銀鏡　(セ) フェーリング　(ソ) 還元
(タ) ヨードホルム

116

5 カルボン酸 R－COOH（カルボキシ基）

1価カルボン酸	2価カルボン酸（ジカルボン酸）		
HCOOH ギ酸 CH₃COOH 酢酸 C₂H₅COOH プロピオン酸	COOH | COOH シュウ酸	H－C－COOH ‖ H－C－COOH マレイン酸（シス形）	H－C－COOH ‖ HOOC－C－H フマル酸（トランス形）

1価の鎖式カルボン酸を脂肪酸，乳酸などの，分子内に－OH をもつカルボン酸を(ᵗ　　　　　　　　)という。

①炭素数の少ないカルボン酸(低級カルボン酸)は，水溶液中で電離して弱い酸性を示す

②塩基と反応して塩を生成(中和)

③(ᵗ　　　　　　)よりも強い酸であり，NaHCO₃(または Na₂CO₃)と反応して CO₂ を発生

　　R－COOH＋NaHCO₃ ⟶ R－COONa＋H₂O＋CO₂

④アルコールと反応してエステルを生成(縮合)

⑤(ᵗ　　　　　)分子であり，水素結合を形成して二量体となることがある

⑥(ᵗ　　　　　)の酸化によって生じる

　　〈例〉 HCHO ⟶ HCOOH　　C₂H₅CHO ⟶ C₂H₅COOH

$$CH_3-C\overset{O\cdots H-O}{\underset{O-H\cdots O}{}}C-CH_3$$
酢酸の二量体

ギ酸	①無色，刺激臭の液体(融点8.4℃)　②－CHO の構造をもち，(ᵗ　　　　　)作用を示す
	③水によく溶ける　　製法 CO＋NaOH ⟶ HCOONa

酢酸	①無色・刺激臭の液体(融点17℃)　②高純度のものは冬季に氷結(氷酢酸)

製法 ①CH₃CHO ⟶(酸化) CH₃COOH　②CH₃OH＋CO ⟶ CH₃COOH

酸無水物 カルボキシ基どうしが結合した構造－CO－O－CO－をもつ。

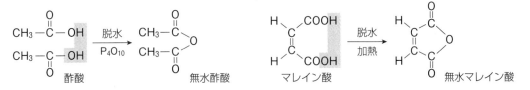

6 エステル R¹－COO－R²（エステル結合）

　　HCOOCH₃　　CH₃COOCH₃　　CH₃COOC₂H₅
　　ギ酸メチル　　酢酸メチル　　　酢酸エチル

①一般に，水に溶けにくい。分子量が小さいものは，(ᵗ　　　　　)をもつ液体

②酸触媒によって(ᵗ　　　　　)分解し，カルボン酸とアルコールを生成(エステルの加水分解)

③強塩基の水溶液と反応して，カルボン酸の塩とアルコールを生成(けん化)

　　〈例〉 CH₃COOC₂H₅＋NaOH ⟶ CH₃COONa＋C₂H₅OH

製法 カルボン酸とアルコールの脱水縮合(エステル化)。

　　〈例〉 CH₃－C－OH ＋ H－O－C₂H₅ ⇌ CH₃－C－O－C₂H₅ ＋ H₂O
　　　　　　‖　酢酸　　エタノール　　　　　‖ 酢酸エチル
　　　　　　O　　　　　　　　　　　　　　　O

注 硝酸や硫酸などのオキソ酸とアルコールの縮合によって生じる化合物もエステルとよばれる。

　　H₂C－O－H　　H－O－NO₂　　　H₂C－O－NO₂
　　　\|　　　　　　　　　　　　　　　　\|
　　HC－O－H ＋ H－O－NO₂ ⇌ HC－O－NO₂ ＋ 3H₂O
　　　\|　　　　　　　　　　　　　　　　\|
　　H₂C－O－H　　H－O－NO₂　　　H₂C－O－NO₂
　　グリセリン　　　　硝酸　　　　　ニトログリセリン(硝酸エステル)

解答 (チ) ヒドロキシ酸　(ツ) 炭酸　(テ) 極性　(ト) アルデヒド　(ナ) 還元　(ニ) 芳香　(ヌ) 加水

7 油脂

高級脂肪酸と(ネ　　　　　　　)のエステルであり，右に示す構造をもつ。アルキル
基 R^1，R^2，R^3 の種類によって，油脂の性質が決まる。常温で固体のものを脂肪，液体
のものを脂肪油という。

$$R^1-CO-O-CH_2$$
$$R^2-CO-O-CH$$
$$R^3-CO-O-CH_2$$

❶油脂を構成するおもな高級脂肪酸

不飽和脂肪酸を多く含む油脂は，酸化さ
れて固まりやすい(乾性油)。脂肪油に触
媒を用いて(ノ　　　　)を付加させると
固体になる(硬化油)。

飽和脂肪酸		不飽和脂肪酸(C＝C 結合の数)		
ミリスチン酸	$C_{13}H_{27}COOH$	オレイン酸	$C_{17}H_{33}COOH$	（ 1 ）
パルミチン酸	$C_{15}H_{31}COOH$	リノール酸	$C_{17}H_{31}COOH$	（ 2 ）
ステアリン酸	$C_{17}H_{35}COOH$	リノレン酸	$C_{17}H_{29}COOH$	（ 3 ）

❷性質
①水に不溶。ヘキサンやエーテル，エタノールなどの有機溶媒に可溶
②強塩基の水溶液と反応して，脂肪酸の塩とグリセリンを生成(けん化)

$$
\begin{array}{c}
R^1COO-CH_2 \\
R^2COO-CH \quad + 3KOH \longrightarrow \\
R^3COO-CH_2
\end{array}
\quad
\begin{array}{c}
R^1COOK \\
R^2COOK \quad + \\
R^3COOK
\end{array}
\quad
\begin{array}{c}
HO-CH_2 \\
HO-CH \\
HO-CH_2
\end{array}
$$

油脂　　　　水酸化カリウム　　　脂肪酸の塩　　　　グリセリン

❸けん化価とヨウ素価

けん化価	油脂 1 g のけん化に要する水酸化カリウム(KOH＝56)の質量[mg]の数値。
	$$けん化価 = 56 \times 3 \times \frac{1}{M} \times 10^3 \quad (M：油脂の平均分子量)$$
	高級脂肪酸を多く含み，平均分子量の大きい油脂は，けん化価が小さい。
ヨウ素価	油脂 100 g に付加できるヨウ素(I_2＝254)の質量[g]の数値。
	$$ヨウ素価 = 254 \times x \times \frac{100}{M} \quad \left(\begin{array}{l}M：油脂の平均分子量 \\ x：油脂 1 分子中の C＝C 結合の数\end{array}\right)$$
	油脂を構成する脂肪酸の不飽和の度合いを示す。乾性油はヨウ素価大(130以上)で，酸化されて固まりやすい。不乾性油はヨウ素価小(100以下)で，常温で液体。

8 セッケンと合成洗剤

❶セッケン
①高級脂肪酸の塩からなる(ハ　　　　)活性剤。
親油性の部分 R－と親水性の部分－COO^-Na^+ をもつ。
－COO^-Na^+ に極性があり，水和する

②水溶液の表面張力を低下させ，固体表面をぬれやすくする
(界面活性作用)。水中では会合して，コロイド状の(ヒ　　　　)を形成

③油などを水中に分散させる作用((フ　　　　)作用)を示す

④水溶液は弱い塩基性　$RCOO^- + H_2O \rightleftharpoons RCOOH + OH^-$

⑤Mg^{2+} や Ca^{2+} を多く含む水((ヘ　　　　))の中では難溶性の沈殿を生じ，洗浄
力が低下　$2RCOO^- + Ca^{2+} \longrightarrow (RCOO)_2Ca$

❷合成洗剤
①親油性の部分と親水性の部分をもつように合成された界面活性剤
②水溶液は中性で，硬水中でも洗浄力を失わない

$$CH_3-CH_2 - \cdots\cdots\cdots\cdots - CH_2-C \overset{\displaystyle O}{\underset{\displaystyle O^-}{\Big\langle}} \ Na^+$$

親油性(疎水性)の部分 ← → 親水性の部分

セッケン
セッケン水
ミセル

|基|本|問|題|

[知識]

192. メタノール●次の実験1，2について，下の各問いに答えよ。

実験1 メタノールを試験管にとり，ナトリウムの小片を1つ加えた。

実験2 メタノールを試験管にとり，図のように，加熱した銅線を差しこんだ。

(1) 実験1でおこった変化を化学反応式で表せ。

銅線

メタノール

(2) 実験2で銅線を差しこんだとき，銅線の色は何色から何色に
変化したか。

(3) 実験2でメタノールは何に変化したか。物質名と化学式を
記せ。

(2)

(3)　物質名　　　　　　化学式
　　　　　　　　　，

[知識]

193. エタノール●次の文中の（　）にあてはまる物質名とその示性式を記
せ。また，(a)，(c)，(e)の変化をそれぞれ化学反応式で表せ。

(a) エタノールにナトリウムを加えると，
水素を発生して（　ア　）を生じる。

(b) 約170℃に加熱した濃硫酸にエタノール
を加えると，（　イ　）を生じる。

(c) 約140℃に加熱した濃硫酸にエタノール
を加えると，（　ウ　）を生じる。

(d) エタノールに，硫酸酸性の二クロム酸
カリウム水溶液を加えて加熱すると，中性
の（　エ　）を生じる。

(e) エタノールに酢酸と少量の濃硫酸を加
えて温めると，（　オ　）を生じる。

物質名　　　　　　示性式

(ア)　　　　　　　　　，

(イ)　　　　　　　　　，

(ウ)　　　　　　　　　，

(エ)　　　　　　　　　，

(オ)　　　　　　　　　，

(a)

(c)

(e)

[思考]

194. アルコールの構造と異性体●次の各問いに答えよ。

(1) 分子式 C_3H_8O で表される化合物には，構造異性体は何種類あるか。

(1)　　　　　　種類

(2) 分子式 $C_4H_{10}O$ で表されるアルコールについて，次の(a)〜(c)にあて
はまる化合物の構造式および名称を記せ。

(a) 直鎖状で，酸化されるとアルデヒド
を生じる。

(b) 鏡像異性体をもつ。

(c) 第三級アルコールである。

構造式　　　　　　名称

(a)　　　　　　　　，

(b)　　　　　　　　，

(c)　　　　　　　　，

195. [知識] **アルコールとエーテル** 次の記述のうち、誤りを含むものを1つ選べ。

（ア）　メタノールに酢酸と少量の濃硫酸を加えて温めると、エステルが生成する。

（イ）　エタノールはナトリウムと反応して水素を発生するが、ジエチルエーテルはナトリウムとは反応しない。

（ウ）　エタノールとジエチルエーテルは、いずれも水によく溶ける。

（エ）　エタノールとジメチルエーテルは同じ分子式をもち、互いに異性体である。

（オ）　ジメチルエーテルよりもエタノールの方が沸点が高い。

196. [思考] **化合物の推定** 次の記述について、下の各問いに答えよ。

（a）　Aは分子式 C_3H_8O で示され、ナトリウムと反応して気体を発生する。

（b）　Aを酸化すると、ケトンBを生成する。

（c）　Aを濃硫酸とともに加熱するとCが得られる。Cはすみやかに臭素と反応する。

(1)　化合物A、BおよびCの構造式を示せ。

A　　　　　　　　　　　　B　　　　　　　　　　　　C

_____ _____ _____

(2)　Aとナトリウムの反応を化学反応式で表せ。

_____

197. [知識] **アルデヒドとケトン** 次の文中の（　）に適当な語句を入れよ。

アルデヒドは（　ア　）基－CHO、ケトンは（　イ　）基＞C＝Oをもっており、いずれも（　ウ　）を酸化して得られる。ホルムアルデヒドは、加熱した銅や白金などを触媒として、（　エ　）を酸化して合成される。エタノールを酸化すると、中性の（　オ　）が得られる。一方、第二級アルコールである2-プロパノールを酸化すると、（　カ　）が得られる。アルデヒドとケトンの相違は、前者が（　キ　）作用を示す点にある。たとえば、アルデヒドは、アンモニア性硝酸銀水溶液を（キ）して（　ク　）を析出したり、（　ケ　）液と反応して酸化銅（Ⅰ）の赤色沈殿を生じたりする。

（ア）	（イ）
（ウ）	（エ）
（オ）	
（カ）	（キ）
（ク）	（ケ）

198. [知識] **酢酸** 次の文中の（　）に適当な語句を入れよ。

酢酸は特有の刺激臭をもつ無色の液体で、純度の高いものは冬期に凝固しやすく、（　ア　）とよばれる。工業的には、触媒の存在のもとでエチレンを空気酸化して（　イ　）とし、さらにそれを空気酸化して酢酸とする。酢酸とメタノールの混合物を少量の濃硫酸と加熱すると、（　ウ　）と水が生成する。（ウ）と異性体の関係にあるカルボン酸は（　エ　）である。

（ア）
（イ）
（ウ）
（エ）

思考

199. カルボン酸とエステル●次の(1), (2)の物質を表す一般式をA群から, また, その一般的性質をB群から, それぞれ1つずつ選べ。

(1) カルボン酸　　(2) エステル

〈A群〉　① RCHO　　② RCOOH　　③ ROH　　④ RCOOR′

〈B群〉　（ア）中性の物質で, ナトリウムと反応して水素を発生する。

　　　　（イ）炭酸水素ナトリウムと反応して, 二酸化炭素を発生する。

　　　　（ウ）フェーリング液を加えて加熱すると, 赤色沈殿を生じる。

　　　　（エ）加水分解すると, 酸とアルコールを生じる。

(1) A群：＿＿＿＿＿

　　B群：＿＿＿＿＿

(2) A群：＿＿＿＿＿

　　B群：＿＿＿＿＿

知識

200. エステルの構造●分子式 $C_4H_8O_2$ で示されるエステルA, B, Cについて, 次の各問いに答えよ。

(1) Aを加水分解すると, 沸点が78℃のアルコールと, 酢酸が得られた。エステルAの構造式を示せ。

(2) Bを加水分解して得られたカルボン酸は, 銀鏡反応を示した。また, Bから得られたアルコールを酸化すると, ケトンを生じた。エステルBの構造式を示せ。

(3) Cを加水分解して得られたカルボン酸は, 銀鏡反応を示した。また, Cから得られたアルコールを酸化すると, アルデヒドを生じた。エステルCの構造式を示せ。

(1)＿＿＿＿＿

(2)＿＿＿＿＿

(3)＿＿＿＿＿

思考

201. エステルの反応●酢酸エチル1 mL を試験管にとり, 6 mol/L の水酸化ナトリウム水溶液を5 mL加えると, 溶液は二層になった。図のように, この試験管に長いガラス管Aをつけ, 沸騰石を入れて, おだやかに加熱し, 十分に反応させた。

(1) 文中の下線部で, 酢酸エチルは上層と下層のどちらになるか。

(2) この実験で, ガラス管Aを使用する理由を説明せよ。

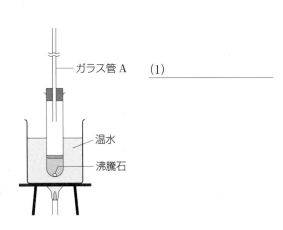

ガラス管A

温水

沸騰石

(1)＿＿＿＿＿

(3) この実験でおこる変化を化学反応式で表せ。また, 塩基を用いたこの反応を何というか。

反応名：＿＿＿＿＿

(4) この実験で観察される試験管内の溶液の変化を記せ。

202. ヨードホルム反応 ●次の①〜⑨の有機化合物のうち，ヨードホルム反応を示すものをすべて選べ。

① CH_3-OH

② CH_3-CH_2-OH

③ $CH_3-CH_2-CH_2-OH$

④ $CH_3-\underset{OH}{\underset{|}{CH}}-CH_3$

⑤ $CH_3-\underset{O}{\overset{|}{C}}-H$

⑥ $CH_3-\underset{O}{\overset{|}{C}}-CH_3$

⑦ $CH_3-CH_2-\underset{O}{\overset{|}{C}}-H$

⑧ $CH_3-CH_2-\underset{O}{\overset{|}{C}}-CH_2-CH_3$

⑨ $CH_3-CH_2-O-CH_3$

203. 化合物の性質 ●次の(1)〜(5)にあてはまる物質を，下の(ア)〜(カ)から選べ。

(1) 水に溶けにくいが，水酸化ナトリウム水溶液中で加熱すると溶ける。

(2) 水に溶けにくく，麻酔性と強い引火性がある。

(3) アンモニア性硝酸銀水溶液を加えて温めると，銀を析出する。

(4) 加熱によって容易に脱水し，酸無水物となる。

(5) 水に溶けて中性を示し，ナトリウムと反応して水素を発生する。

(ア) エタノール　　(イ) アセトアルデヒド

(ウ) マレイン酸　　(エ) ジエチルエーテル

(オ) 酢酸エチル　　(カ) フマル酸

(1)
(2)
(3)
(4)
(5)

204. 酢酸とその誘導体 ●次の図のA〜Fにあてはまる化合物の名称と示性式を示せ。

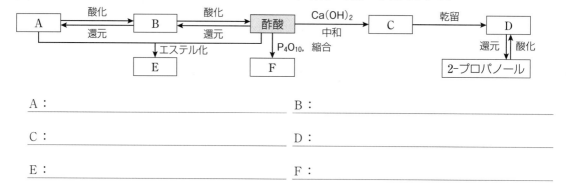

A :

B :

C :

D :

E :

F :

205. 油脂 ●次の文中の(　)に適当な語句を入れよ。

油脂は，高級脂肪酸と(ア)との(イ)であり，大豆油のように室温で液体のものを(ウ)，牛脂のように室温で固体のものを(エ)という。脂肪酸の不飽和の度合いが(オ)い油脂は室温で液体であり，空気中で酸化されて固体になりやすいので(カ)油とよばれ，塗料などに用いられる。また，ニッケルなどを触媒として，炭素原子間の二重結合に(キ)を付加させると，固体になる。このようにしてつくられた油脂は(ク)油とよばれ，マーガリンなどの原料になる。

(ア)　　　　　(イ)
(ウ)　　　　　(エ)
(オ)　　　　　(カ)
(キ)　　　　　(ク)

206. ^{知識} **セッケン**●次の文中の（　　）に適当な語句を入れよ。

油脂を水酸化ナトリウム水溶液でけん化すると，高級脂肪酸の（　ア　）が得られる。これがセッケンであり，その水溶液は加水分解によって弱い（　イ　）性を示す。セッケンは，（　ウ　）性の炭化水素基と親水性の−COO⁻をもち，水溶液中で炭化水素基を（　エ　）側にして集まる。繊維に付着した油分は，この（エ）側にとりこまれ，水中に分散しやすくなる。これを（　オ　）作用という。しかし，Ca^{2+} や Mg^{2+} の多い（　カ　）水中では，難溶性の塩を生じて，洗浄力は低下する。

（ア）	
（イ）	
（ウ）	
（エ）	
（オ）	
（カ）	

207. ^{知識} **合成洗剤**●セッケンとアルキルベンゼンスルホン酸ナトリウム（略称ABS）を比較して，ABSのみがもつ特徴を1つ選べ。

（ア）　カルボン酸の塩であるため，水に溶けたときに塩基性を示す。

（イ）　スルホン酸の塩であるため，水に溶けたときに塩基性を示さない。

（ウ）　水に溶けて電離する。

（エ）　水に溶けても電離しない。

■■■■■■■■■■■■■■■■■■■■■■■■■■■ ［標｜準｜問｜題］ ■■■■■■■■■■■■■■■■■■■■■■■■■■■■■■■

208. ^{思考} **物質の推定**◆化合物A，B，Cはいずれも，<u>水酸化ナトリウム水溶液中でヨウ素と加熱すると黄色沈殿を生じる</u>。しかし，これら3種類の化合物のうち，銀鏡反応を示すのはAのみである。化合物Bを濃硫酸と混ぜて140℃に加熱すると，化合物Dが生成する。また，化合物Cを還元したのち，これを濃硫酸と加熱すると気体Eが発生する。Eは，臭素水を脱色する。次の各問いに答えよ。

(1)　A～Eにあてはまるものを下の（ア）～（ケ）から選び，記号で示せ。

(2)　文中の下線部の反応の名称と，黄色沈殿の分子式を記せ。

（ア）　$CH_3CH=CH_2$　　（イ）　CH_3CH_2COOH　　（ウ）　CH_3CHO

（エ）　CH_3COCH_3　　（オ）　$HOCH_2CH_2OH$　　（カ）　$CH_3CH_2CH_3$

（キ）　CH_3CH_2OH　　（ク）　$HCOOH$　　　　　　（ケ）　$CH_3CH_2OCH_2CH_3$

(1) A :　　　　　B :

C :　　　　　D :

E :

(2)

209. ^{思考} **カルボン酸とエステルの反応**◆分子式が $C_4H_8O_2$ の有機化合物A，Bがある。Aは直鎖状の分子で，炭酸ナトリウム水溶液に溶けて気体を発生する。一方，Bに水酸化ナトリウム水溶液を加えて温めると，化合物Cのナトリウム塩と化合物Dが得られる。Dを酸化すると，中性のEになり，Eはフェーリング液を還元しない。化合物A～Eを示性式で示せ。

A :

B :

C :

D :

E :

16 | 芳香族化合物

1 芳香族炭化水素 C_mH_n（ベンゼン環）

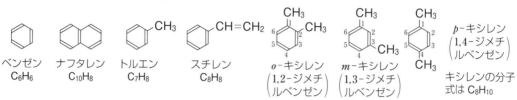

ベンゼン
C_6H_6

ナフタレン
$C_{10}H_8$

トルエン
C_7H_8

スチレン
C_8H_8

o-キシレン
（1,2-ジメチ
ルベンゼン）

m-キシレン
（1,3-ジメチ
ルベンゼン）

p-キシレン
（1,4-ジメチ
ルベンゼン）

キシレンの分子
式は C_8H_{10}

ベンゼン

①特異臭，無色の有毒な液体（沸点80℃），水に難溶　②(^{ア}　　　　　)反応がおこりやすい

反応名	反応条件	反応例
ハロゲン化	鉄粉を加えて，塩素や臭素とともに加熱	$\rightarrow$ $\xrightarrow[(Fe)]{Cl_2}$ Cl クロロベンゼン
ニトロ化	濃硫酸と濃硝酸の混合物（混酸）を加えて加熱	$\xrightarrow[(H_2SO_4)]{HNO_3}$ NO_2 ニトロベンゼン
スルホン化	濃硫酸を加えて加熱	$\xrightarrow{H_2SO_4}$ SO_3H ベンゼンスルホン酸

③条件によっては(^{イ}　　　　　)反応もおこる

$\xrightarrow[(Ni,Pt)]{H_2}$ C_6H_{12} シクロヘキサン

$\xrightarrow[紫外線]{Cl_2}$ $C_6H_6Cl_6$ ヘキサクロロシクロヘキサン

④ベンゼン環に結合した炭化水素基は，炭素数にかかわらず，酸化されるとカルボキシ基になる

CH_3 トルエン $\xrightarrow{酸化}$ COOH 安息香酸

C_2H_5 エチルベンゼン $\xrightarrow{酸化}$

2 フェノール類 R-OH（フェノール性ヒドロキシ基）

 フェノール

 o-クレゾール

 m-クレゾール

 p-クレゾール

 1-ナフトール

2-ナフトール

①水にわずかに溶けて(^{ウ}　　　　)酸性を示す。塩基と中和する

②(^{エ}　　　　　)$FeCl_3$ 水溶液で，青紫〜赤紫色に呈色（フェノール類の検出）

③ナトリウムと反応し，H_2 を発生

④無水酢酸と反応し，エステルを生成

フェノール $\xrightarrow[または Na]{NaOH}$ ONa ナトリウムフェノキシド

$\xrightarrow{(CH_3CO)_2O}$ OCOCH₃ 酢酸フェニル
エステル化（アセチル化）

フェノール

①特異臭，無色の有毒な固体（融点41℃），空気中で酸化されて赤褐色に変色

②臭素水を加えると，2,4,6-トリブロモフェノールの(^{オ}　　　　)色沈殿を生成

2,4,6-トリブロモフェノール

解答
（ア）置換　（イ）付加　（ウ）弱　（エ）塩化鉄(Ⅲ)　（オ）白

製法 ①クメン法（(ヵ　　　　　　　　　)が副成・工業的製法)

 →(CH₃CH=CH₂ プロペン)→ クメン →(O₂ 酸化)→ クメンヒドロペルオキシド →(H₂SO₄)→ フェノール ＋ $CH_3-\underset{\underset{O}{\|}}{C}-CH_3$ アセトン

②ベンゼンスルホン酸のアルカリ融解

ベンゼン →(H₂SO₄ スルホン化)→ SO₃H →(NaOHaq 中和)→ SO₃Na →(NaOH 融解)→ ONa →(H⁺)→ OH

③クロロベンゼンと水酸化ナトリウムの反応

→(Cl₂ 塩素化)→ Cl →(NaOHaq 高温・高圧)→ ONa →(H⁺)→ OH

③ 芳香族カルボン酸 R−COOH（カルボキシ基）

 COOH 安息香酸　 フタル酸　 イソフタル酸　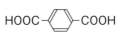 テレフタル酸　 サリチル酸

①水にわずかに溶けて(ｷ　　　)性を示す。塩基と中和する

②炭酸水素ナトリウム水溶液に，(ｸ　　　　　　)を発生しながら溶ける

③アルコールと脱水縮合し，エステルを生成

安息香酸　①白色の結晶(融点122.4℃)　②食品の防腐剤

 CH₃ トルエン →(KMnO₄ 酸化)→ COOH 安息香酸 →(C₂H₅OH エステル化)→ COOC₂H₅ 安息香酸エチル

フタル酸とテレフタル酸

①白色の結晶　②フタル酸は加熱によって分子内で脱水し，(ｹ　　　　　　)を生成

③テレフタル酸は(ｺ　　　　　　　　　　)の原料

 →(KMnO₄ 酸化)→ COOH COOH フタル酸 →(加熱 脱水)→ 無水フタル酸 ナフタレン →(V₂O₅ 酸化)→ 無水フタル酸

H₃C—⟨ ⟩—CH₃ *p*-キシレン →(KMnO₄ 酸化)→ HOOC—⟨ ⟩—COOH テレフタル酸 →(HOCH₂CH₂OH 縮合重合)→ ポリエチレンテレフタラート(PET)

サリチル酸　①白色の結晶　②フェノール類とカルボン酸の両方の性質を示す

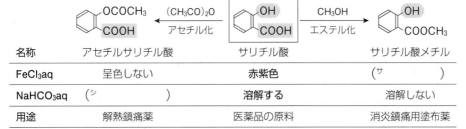

名称	アセチルサリチル酸	サリチル酸	サリチル酸メチル
FeCl₃aq	呈色しない	赤紫色	(ｻ　　　　)
NaHCO₃aq	(ｼ　　　　)	溶解する	溶解しない
用途	解熱鎮痛薬	医薬品の原料	消炎鎮痛用塗布薬

解答
(ｶ) アセトン　(ｷ) 酸　(ｸ) 二酸化炭素　(ｹ) 無水フタル酸　(ｺ) ポリエチレンテレフタラート　(ｻ) 赤紫色
(ｼ) 溶解する

...

第IV章　有機化合物

125

製法 ⬡–ONa $\xrightarrow[\text{高温・高圧}]{CO_2}$ ⬡(–OH, –COONa) $\xrightarrow{H^+}$ ⬡(–OH, –COOH)

4 芳香族ニトロ化合物 R−NO₂(ニトロ基)

⬡–NO₂	①無色〜淡黄色の有毒な液体(密度1.20g/cm³) ②水に難溶	O_2N–⬡(CH₃, NO₂, NO₂)	①黄色の固体 ②爆薬 製法 トルエンのニトロ化	O_2N–⬡(OH, NO₂, NO₂)	①黄色の固体 ②爆薬・火傷薬 製法 フェノールのニトロ化
(ス　　　　　　)		2,4,6-トリニトロトルエン (TNT)		ピクリン酸 (2,4,6-トリニトロフェノール)	

5 芳香族アミン R−NH₂(アミノ基)

アニリン　①特異臭のある有毒な無色の液体。空気中で酸化されて褐色に変化

②(セ　　　　)塩基。水に難溶であるが,塩酸には溶けてアニリン塩酸塩を生成

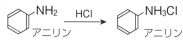
⬡–NH₂ アニリン $\xrightarrow{HCl}$ ⬡–NH₃Cl アニリン塩酸塩

③さらし粉水溶液で(ソ　　　　)色に呈色(検出反応)

④硫酸酸性 $K_2Cr_2O_7$ 水溶液で黒色物質((タ　　　　　　　　　　))を生成

⑤無水酢酸と反応してアミドを生成(アセチル化)

注 アミド結合(−NH−CO−)をもつ化合物をアミドという。

　　　　　　　　　　　　　　　　　　　　├─アミノ基
⬡–NH₂ アニリン $\xrightarrow[\text{アセチル化}]{(CH_3CO)_2O}$ ⬡–N(H)–C(=O)–CH₃ アセトアニリド ─ アミド結合

製法　ニトロベンゼンの還元

⬡–NO₂ $\xrightarrow[\text{還元}]{Sn, HCl}$ ⬡–NH₃Cl $\xrightarrow{NaOH}$ ⬡–NH₂

$$2C_6H_5NO_2 + 3Sn + 14HCl \longrightarrow 2C_6H_5NH_3Cl + 3SnCl_4 + 4H_2O$$

6 アゾ化合物 R−N=N−R′(アゾ基)

(a) ジアゾ化

$$⬡–NH_2 + 2HCl + NaNO_2 \xrightarrow[\text{ジアゾ化}]{\text{低温}} ⬡–N^+\equiv NCl^- + NaCl + 2H_2O$$

アニリン　　　　亜硝酸ナトリウム　　　塩化ベンゼンジアゾニウム

(b) ジアゾカップリング(カップリング)

　　　　　　　　　　　　　　　　　　　　　　　　　　　　　　アゾ基
$$⬡–N_2Cl + ⬡–ONa \xrightarrow{\text{ジアゾカップリング}} ⬡–N=N–⬡–OH + NaCl$$
塩化ベンゼンジアゾニウム　ナトリウムフェノキシド　　　p-ヒドロキシアゾベンゼン(橙色) (p-フェニルアゾフェノール)

注 塩化ベンゼンジアゾニウムは水温が高いと水と反応して,(チ　　　　)と窒素になる。

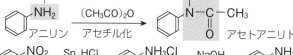
⬡–N₂Cl + H₂O $\longrightarrow$ ⬡–OH + N₂ + HCl

7 置換基の配向性

配向性…ベンゼン1置換体への置換反応がどの位置でおこりやすいかを示す目安。

オルト・パラ配向性	−OH, −OCH₃, −NH₂, −NHCOCH₃, −CH₃, −Br, −Cl
メタ配向性	−NO₂, −SO₃H, −COOCH₃, −COCH₃, −CHO, −COOH

解答
(ス)ニトロベンゼン　(セ)弱　(ソ)赤紫　(タ)アニリンブラック　(チ)フェノール

◼8 混合物の分離（抽出）

有機化合物の混合物は，次の表の溶解性および酸・塩基の強弱を利用して分離できる。
一般に，水に溶けにくい有機化合物でも塩になると水に溶けやすくなる。

液体	溶解する有機化合物
ジエチルエーテル	ほとんどすべての化合物
塩酸	アミン
NaOH 水溶液	カルボン酸，スルホン酸，フェノール類
NaHCO₃ 水溶液	カルボン酸，スルホン酸

弱酸（弱塩基）の塩に強酸（強塩基）を加え
ると，強酸（強塩基）の塩が生じ，弱酸（弱
塩基）が遊離する。

酸　塩化水素，硫酸，スルホン酸＞
　　カルボン酸＞炭酸＞フェノール類

塩基　NaOH＞アミン

〈例〉　アニリン，サリチル酸，フェノールの分離

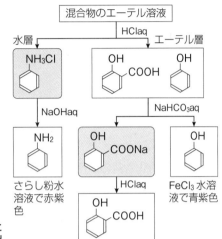

分液ろうと

分液ろうと
による抽出

◼◼基◼本◼問◼題◼◼

知識
210. ベンゼンの構造と性質●文中の（　　）に適語を入れ，下の問に答えよ。

　ベンゼンは分子式（　ア　）で表される炭化水素で，石油の改質や（　イ　）
の３分子重合によって得られる無色・特異臭の液体である。ベンゼン分子中
の原子はすべて同一（　ウ　）上にあり，分子は（　エ　）形の形状をしている。
このため，ベンゼン分子は無極性分子である。ベンゼンは安定で，アルケン
やアルキンに比べて付加反応をおこしにくく，（　オ　）反応がおこりやすい。
空気中では多量のすすを出して燃焼する。

問　次の炭化水素を，炭素原子間の結合距離が長い順に並べよ。
　　エタン，エチレン，アセチレン，ベンゼン

（ア）＿＿＿＿＿＿＿＿＿

（イ）＿＿＿＿＿＿＿＿＿

（ウ）＿＿＿＿＿＿＿＿＿

（エ）＿＿＿＿＿＿＿＿＿

（オ）＿＿＿＿＿＿＿＿＿

知識
211. ベンゼンの反応●図のベンゼンの反応について，各問いに答えよ。

(1)　A〜Dにあてはまる有機化合物の示性式と名称を記せ。

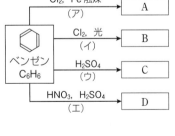

A：　　　　　　，　　　　　　　　B：　　　　　　，＿＿＿＿＿＿＿

C：　　　　　　，　　　　　　　　D：　　　　　　，＿＿＿＿＿＿＿

(2)　（ア）〜（エ）にあてはまる反応名を記せ。

（ア）＿＿＿＿＿＿＿（イ）＿＿＿＿＿＿＿（ウ）＿＿＿＿＿＿＿（エ）＿＿＿＿＿＿＿

212. 思考 **芳香族化合物の性質**●ベンゼン環に，(1) 塩素原子，(2) スルホ基，

(3) ニトロ基がそれぞれ1個結合した物質の性質として適当なものを，次から1つずつ選べ。

(ア) 水にわずかに溶け，水溶液は弱酸性を示す。塩化鉄(Ⅲ)水溶液で紫色を呈する。

(イ) 水によく溶け，水溶液は強酸性を示す。

(ウ) 銅線につけてガスバーナーの炎に入れると，青緑色の炎色反応が観察できる。

(エ) 塩基性を示し，塩酸によく溶ける。

(オ) 無色または淡黄色，油状の液体で水よりも密度が大きい。

(1) ＿＿＿＿＿＿＿＿

(2) ＿＿＿＿＿＿＿＿

(3) ＿＿＿＿＿＿＿＿

213. 思考 **芳香族化合物の異性体**●次の各問いに答えよ。

(1) 分子式 $C_6H_4Cl_2$ で表される芳香族化合物の構造式と名称をすべて記せ。

_____

(2) 次の分子式で表される芳香族化合物には，何種類の構造異性体が存在するか。

① $C_6H_3Cl_3$　　② C_8H_{10}　　③ C_7H_8O

(3) (ア) o-キシレン，(イ) m-キシレン，(ウ) p-キシレンのベンゼン環の水素原子1個を臭素原子で置換してできる化合物は，それぞれ何種類存在するか。

(2)① ＿＿＿＿＿＿

② ＿＿＿＿＿＿

③ ＿＿＿＿＿＿

(3)(ア) ＿＿＿＿＿

(イ) ＿＿＿＿＿

(ウ) ＿＿＿＿＿

214. 思考 **芳香族化合物の異性体**●次の記述にあてはまる芳香族化合物の構造式を記せ。

(1) 分子式が C_7H_7Cl で表され，ベンゼン環に置換基を1つもつ。

(2) 分子式が C_9H_{12} で表され，2つの置換基をベンゼン環のパラ位にもつ。

(3) 分子式が $C_8H_{10}O$ で表され，不斉炭素原子をもつアルコールである。

(4) 分子式が $C_7H_6O_2$ で表され，エステル結合をもつ。

(1) 　　　　　　(2) 　　　　　　(3) 　　　　　　(4)

_____ _____ _____ _____

215. 知識 **フェノールの製法**●フェノールの合成の流れを図に示す。図中のA～Dにあてはまる化合物の構造式と名称を答えよ。また，(1)の工業的製法，および(2)の①操作はそれぞれ何とよばれるか。

(1) ⬡ ──プロペン→ [A] ──O₂→ ⬡-C(CH₃)(CH₃)-O-O-H ──H₂SO₄→ ⬡-OH ＋ [B]（脂肪族化合物）

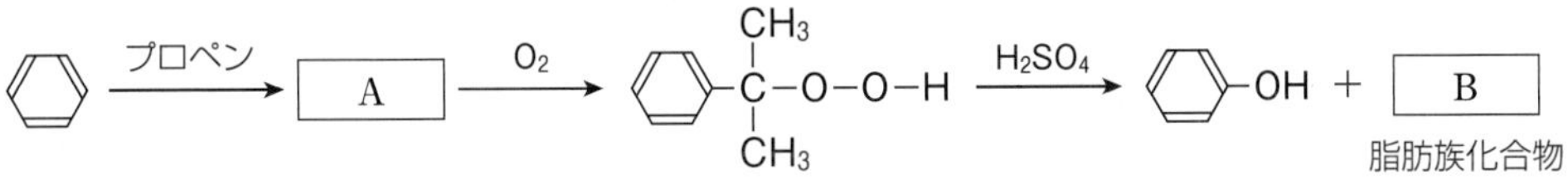

(2) ⬡ ──H₂SO₄→ [C] ──NaOHaq 中和→ ⬡-SO₃Na ──①NaOH 融解→ [D] ──H⁺→ ⬡-OH

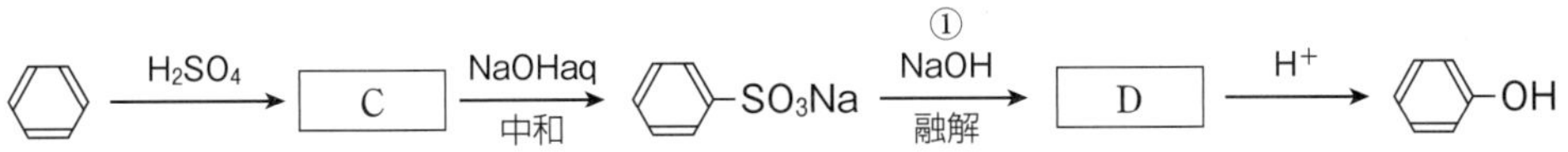

A

B

_____

C

D

_____

(1)の工業的製法：　　　　　　　　　①の操作：

_____

216. 知識 **フェノールの性質**●次の文を読み，下の各問いに答えよ。

　ナトリウムフェノキシドの水溶液に二酸化炭素を通じると，フェノールが生じる。また，フェノールの水溶液に（　ア　）の水溶液を加えると，青紫色を呈する。

　フェノールを臭素水に加えると，（　イ　）の白色沈殿が生じる。また，フェノールをニトロ化すると，爆発性の（　ウ　）が得られる。

(1)　（ア）～（ウ）にあてはまる化合物の物質名を記せ。

(2)　下線部の反応から，フェノールと炭酸の酸性は，どちらが強いと考えられるか。

(1)（ア）

　（イ）

　（ウ）

(2)

217. 知識 **フェノールとアルコール**●フェノールとエタノールに関する次の記述のうちから，(1) フェノールのみにあてはまるもの，(2) エタノールのみにあてはまるもの，(3) 両方にあてはまるものをそれぞれすべて選べ。

(ア)　水にきわめてよく溶ける。

(イ)　酸性物質である。

(ウ)　ナトリウムと反応する。

(エ)　水酸化ナトリウム水溶液と反応する。

(オ)　塩化鉄(Ⅲ)水溶液で呈色する。

(カ)　酸化されてアルデヒドを生じる。

(キ)　常温で固体である。

(ク)　無水酢酸と反応して，エステルになる。

(1)

(2)

(3)

218. サリチル酸●サリチル酸の反応に関わる経路図について，下の各問いに答えよ。

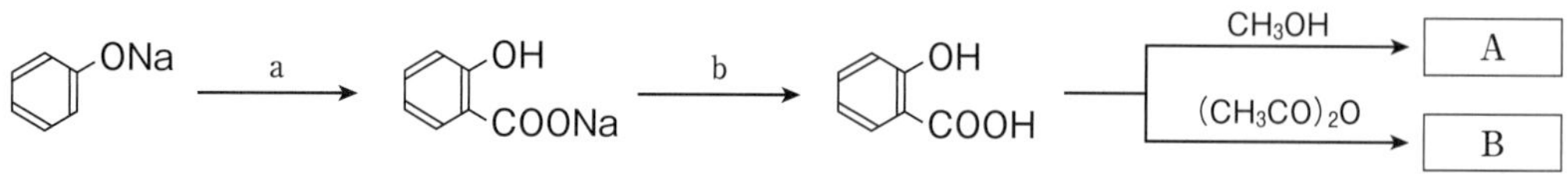

(1) A，Bにあてはまる化合物の構造式と物質名を記せ。

A   B

_____

(2) a，bにあてはまる操作として，正しいものを選べ。

(ア) 水溶液にして，二酸化炭素を通じる。   (イ) 塩酸を加える。

(ウ) 高温・高圧で二酸化炭素と反応させる。

(3) 次の化合物のうち，下の記述にあてはまるものをすべて選べ。

(ア) サリチル酸   (イ) 化合物A   (ウ) 化合物B

① 炭酸水素ナトリウム水溶液に，気体を発生しながら溶ける。

② 塩化鉄(Ⅲ)水溶液によって呈色する。

(2) a :   b :

(3)①

② _____

219. 芳香族カルボン酸●次の記述のうち，正しいものを2つ選べ。

(ア) トルエンを酸化すると，安息香酸を生じる。

(イ) 安息香酸は炭酸よりも弱い酸なので，炭酸水素ナトリウムとは反応しない。

(ウ) 安息香酸は無水酢酸と反応し，エステル結合をもつ化合物をつくる。

(エ) テレフタル酸は分子内で脱水し，酸無水物となる。

(オ) テレフタル酸とエチレングリコールからポリエチレンテレフタラートが得られる。

220. アニリンの性質●アニリンに関する次の記述のうち，誤っているものを2つ選べ。

(ア) アニリンに硫酸酸性の二クロム酸カリウム水溶液を反応させると，黒色の染料であるアニリンブラックが生じる。

(イ) アニリンを無水酢酸と反応させると，アセトアニリドが生じる。

(ウ) アニリン塩酸塩水溶液に希硝酸を加えると，塩化ベンゼンジアゾニウムが生じる。

(エ) アニリンに塩化鉄(Ⅲ)水溶液を加えると，赤紫色になる。

(オ) アニリン塩酸塩水溶液に水酸化ナトリウム水溶液を加えると，弱塩基のアニリンが遊離する。

思考

221. ジアゾ化とアゾ染料●次の文を読み，下の各問いに答えよ。

　①アニリンは無水酢酸と反応して，解熱作用のある（　A　）を生じる。この反応は，アニリンの（　ア　）とよばれる。また，アニリンを塩酸に溶かしたのち，②氷冷しながら亜硝酸ナトリウム水溶液を加えると，（　B　）が生成する。この反応は，（　イ　）とよばれる。フェノールを水酸化ナトリウム水溶液に溶かし，(B)の水溶液に加えると（　ウ　）が進行し，橙色の（　C　）が生成する。

(1)　文中の空欄(ア)～(ウ)にあてはまる反応の名称を記せ。

(2)　文中の空欄(A)～(C)にあてはまる化合物を構造式で示せ。

　(A)　　　　　　　　　　　(B)　　　　　　　　　　　(C)

(1)（ア）

　　（イ）

　　（ウ）

(3)　化合物(C)の分子内には−N＝N−が存在する。この官能基の名称を記せ。

(4)　下線部①の変化を化学反応式で表せ。

(3)

(5)　下線部②の反応を冷却しながら行う理由を説明せよ。

思考

222. 芳香族化合物の特徴●次の(1)～(5)の記述にあてはまる化合物を下から選べ。

(1)　加熱すると分子内で容易に脱水する。

(2)　水にはあまり溶けないが，塩酸には塩をつくってよく溶ける。

(3)　水酸化ナトリウム水溶液にはよく溶けるが，炭酸水素ナトリウム水溶液には溶けにくい。

(4)　水溶液を加熱すると，分解して窒素が発生する。

(5)　塩酸にも水酸化ナトリウム水溶液にもほとんど溶けない。

　　(ア)　o-クレゾール　　　　　　(イ)　アニリン
　　(ウ)　塩化ベンゼンジアゾニウム　(エ)　p-キシレン
　　(オ)　フタル酸　　　　　　　　(カ)　アセチルサリチル酸

(1)

(2)

(3)

(4)

(5)

思考

223. 芳香族化合物の識別●次の(1)～(4)の各組み合わせの化合物を識別できる試薬を下の(ア)～(オ)から1つずつ選べ。

(1)　アニリンとニトロベンゼン　　(2)　ベンゼンとベンズアルデヒド

(3)　フェノールとサリチル酸　　　(4)　サリチル酸とアセチルサリチル酸

　　(ア) 水酸化ナトリウム水溶液　　(イ) 炭酸水素ナトリウム水溶液
　　(ウ) 塩化鉄(Ⅲ)水溶液　　　　　(エ) アンモニア性硝酸銀水溶液
　　(オ) さらし粉水溶液

(1)

(2)

(3)

(4)

224. 芳香族化合物の反応●次の各記述のうちから，下線をつけた部分が誤りであるものを 2 つ選び，下線部を正しい記述に改めよ。

（ア）塩化ベンゼンジアゾニウムの水溶液を冷却して，フェノールの塩基性水溶液を加えると，<u>橙色の生成物</u>が得られる。

→ _____

（イ）サリチル酸のメタノール溶液に濃硫酸を加えて加熱すると，<u>アセチルサリチル酸</u>が生じる。

_____

（ウ）トルエンを濃硫酸と濃硝酸の混合物で十分にニトロ化すると，メチル基 $-CH_3$ はオルト・パラ配向性の官能基なので，<u>3,5-ジニトロトルエン</u>が生じる。

→ _____

（エ）フェノールと無水酢酸を反応させると，アセチル化されて<u>酢酸フェニル</u>が生じる。

（オ）ニトロベンゼンをニトロ化すると，ニトロ基 $-NO_2$ はメタ配向性の官能基なので，おもに<u>m-ジニトロベンゼン</u>が生じる。

225. 解熱鎮痛剤●次の文中の化合物 A〜C の名称と構造式を記せ。

市販の解熱鎮痛剤をよく砕き，水酸化ナトリウム水溶液中で加熱して反応させた。得られた水溶液に希硫酸を加えると，白色の結晶 A と酢酸が生成した。A はナトリウムフェノキシドに高温・高圧で二酸化炭素を作用させた後，強酸を加えると得られる化合物である。このことから，この解熱鎮痛剤の有効成分は，A と酢酸とのエステルである B と推定される。

A をメタノールに溶かし，濃硫酸を加えて加熱すると，芳香をもつ油状物質 C が得られた。この油状物質は消炎塗布剤として用いられる。

A：　　　　　　　　　　B：　　　　　　　　　　C：

226. 芳香族化合物の分離●次の(1)〜(4)の分離操作を行いたい。最も適当な操作を，（ア）〜（エ）から 1 つずつ選べ。ただし，同じものを繰り返し選んでもよい。

(1) ニトロベンゼンとアニリンを含むエーテル溶液から，アニリンを除く。

(2) フェノールとトルエンを含むエーテル溶液から，フェノールを除く。

(3) 安息香酸とフェノールを含むエーテル溶液から，安息香酸を除く。

(4) サリチル酸とサリチル酸メチルを含むエーテル溶液から，サリチル酸を除く。

(1) _____

(2) _____

(3) _____

(4) _____

（ア）塩酸を加えて抽出する。

（イ）水酸化ナトリウム水溶液を加えて抽出する。

（ウ）塩化ナトリウム水溶液を加えて抽出する。

（エ）炭酸水素ナトリウム水溶液を加えて抽出する。

思考

227. 芳香族化合物の置換基の配向性◆一般に，オルト位 o- やパラ位 p- で
置換反応をおこしやすい官能基をもつ物質には次のものがある。

　フェノール　　　　アニリン　　　　クロロベンゼン　　（オルト・パラ配向性）

一方，メタ位 m- で置換反応をおこしやすい官能基をもつ物質には次のもの
がある。

NO₂　　　　　SO₃H　　　　　COOH
ニトロベンゼン　　ベンゼンスルホン酸　　安息香酸　　（メタ配向性）

このことを利用すれば，目的の化合物を効率よくつくることができる。
この情報をもとに，除草剤の原料である m-クロロアニリンを，次のようにベ
ンゼンから化合物A，Bを経て合成する実験を計画した。

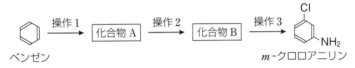
ベンゼン　　　　化合物 A　　　　化合物 B　　　m-クロロアニリン

操作1～3として最も適当なものを，次の①～⑥のうちからそれぞれ1つずつ選べ。

① 濃硫酸を加えて加熱する。　　　② 固体の水酸化ナトリウムと混合して加熱融解する。
③ 鉄を触媒にして塩素を反応させる。　④ 光をあてて塩素を反応させる。
⑤ 濃硫酸と濃硝酸を加えて加熱する。
⑥ スズと濃塩酸を加えて反応させたのち，水酸化ナトリウム水溶液を加える。

操作1：＿＿＿＿＿＿＿＿＿

操作2：＿＿＿＿＿＿＿＿＿

操作3：＿＿＿＿＿＿＿＿＿

思考

228. 芳香族化合物の分離◆図は，アニリン，サリチル酸，フェノールおよび
ニトロベンゼンの混合物を含むエーテル溶液から，各化合物を分離する手順
を示したものである。下の各問いに答えよ。

```
            混合物のエーテル溶液
              ①希塩酸を加える
        ┌──────────┴──────────┐
     水層Ⅰ                  エーテル層Ⅰ
  ②NaOH 水溶液を加えたのち，    ③NaHCO₃ 水溶液を加える
  (A) エーテルで抽出        ┌──────┴──────┐
                      水層Ⅱ          エーテル層Ⅱ
                ④希塩酸を加えたのち，   ⑤NaOH 水溶液を加える
                 ろ過して分離      ┌──────┴──────┐
                  (B)          水層Ⅲ        エーテル層Ⅲ
                          ⑥CO₂ を通じたのち，  ⑦エーテルを
                          (C) エーテルで抽出   (D) 蒸発させる
```

(1) 水層Ⅰ～Ⅲに含まれる芳香族化合物の塩の示性式を記せ。
(2) （A）～（D）で分離される芳香族化合物の名称を記せ。

(1) Ⅰ：＿＿＿＿＿＿

　　Ⅱ：＿＿＿＿＿＿

　　Ⅲ：＿＿＿＿＿＿

(2) A：＿＿＿＿＿＿

　　B：＿＿＿＿＿＿

　　C：＿＿＿＿＿＿

　　D：＿＿＿＿＿＿

15 **炭化水素の構造**◆有機化合物の構造に関する記述として下線部に**誤りを含むもの**を，次の①～⑤のうちから1つ選べ。

① 炭素原子間の距離は，エタン，エチレン(エテン)，アセチレンの順に<u>短くなる</u>。

② エタンの炭素原子間の結合は，その結合を軸として<u>回転できる</u>。

③ エチレン(エテン)の炭素原子間の結合は，その結合を軸として<u>回転することはできない</u>。

④ アセチレンでは，すべての原子が<u>同一直線上にある</u>。

⑤ シクロヘキサンでは，すべての原子が<u>同一平面上にある</u>。

16 **異性体**◆異性体に関する記述として正しいものを，次の①～⑤のうちから2つ選べ。

① 2-ブタノールには，鏡像異性体(光学異性体)が存在する。

② 2-プロパノール1分子から水1分子がとれると，互いに構造異性体である2種類のアルケンが生成する。

③ スチレンには，幾何異性体(シス-トランス異性体)が存在する。

④ 互いに異性体の関係にある化合物には，分子量の異なるものがある。

⑤ 分子式 C_3H_8O で表される化合物には，カルボニル基を含む構造異性体は存在しない。

17 **カルボン酸の還元**◆カルボン酸を適当な試薬を用いて還元すると，第一級アルコールが生成することが知られている。いま，示性式 $HOOC(CH_2)_4COOH$ のジカルボン酸を，ある試薬Xで還元した。反応を途中で止めると，生成物として図に示すヒドロキシ酸と2価アルコールが得られた。ジカルボン酸，ヒドロキシ酸，2価アルコールの物質量の割合の変化をグラフに示す。グラフ中のA～Cは，それぞれどの化合物に対応するか。A～Cに該当するものを下の①～③からそれぞれ選べ。

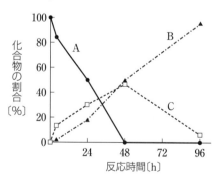

CH₂−CH₂−CH₂−OH
|
CH₂−CH₂−COOH
　　　ヒドロキシ酸

CH₂−CH₂−CH₂−OH
|
CH₂−CH₂−CH₂−OH
　　　2価アルコール

① ジカルボン酸　　② ヒドロキシ酸　　③ 2価アルコール

18 **ベンゼン環の反応**◆フェノールまたはナトリウムフェノキシドの反応に関して，実験操作と，その反応で新しくつくられる結合の組み合わせとして**適当でないもの**を，表の①〜⑤のうちから1つ選べ。

	実験操作	新しくつくられる炭素との結合
①	フェノールに臭素水を加える。	C−Br
②	フェノールに濃硝酸と濃硫酸の混合物を加えて加熱する。	C−S
③	フェノールに無水酢酸を加える。	C−O
④	ナトリウムフェノキシドと二酸化炭素を高温・高圧のもとで混合する。	C−C
⑤	ナトリウムフェノキシド水溶液を冷却した塩化ベンゼンジアゾニウム水溶液に加える。	C−N

19 **窒素を含む芳香族化合物**◆窒素原子を含む芳香族化合物に関する記述として下線部に**誤りを含むもの**を，次の①〜⑤のうちから1つ選べ。

① 5℃以下においてアニリンの希塩酸溶液に亜硝酸ナトリウム水溶液を加えると，塩化ベンゼンジアゾニウムが生成する。

② 塩化ベンゼンジアゾニウムが水と反応すると，クロロベンゼンが生成する。

③ アニリンに無水酢酸を反応させると，アミド結合をもつ化合物が生成する。

④ アニリンにさらし粉水溶液を加えると，赤紫色を呈する。

⑤ p−ヒドロキシアゾベンゼンには，窒素原子間に二重結合が存在する。

20 **芳香族化合物の分離**◆3種の芳香族化合物を分離するため，次の操作Ⅰ〜Ⅲを行った。

操作Ⅰ 分液ろうとに混合物のジエチルエーテル溶液と水酸化ナトリウム水溶液を入れてよく振り混ぜた後，しばらく静置すると上層Aと下層Bに分かれた。次に，上層Aを残し下層Bを取り出した。

操作Ⅱ 操作Ⅰで上層Aを残した分液ろうとに十分な量の塩酸を加え，よく振り混ぜた後，しばらく静置すると上層Cと下層Dに分かれた。

操作Ⅲ 操作Ⅰで取り出した下層Bに塩酸を加え，よくかき混ぜた後，弱酸性になったことを確認した。次いで十分な量の NaHCO₃ 水溶液を加え，よくかき混ぜた後，分液ろうとに入れた。次にジエチルエーテルを加え，よく振り混ぜた後，しばらく静置すると上層Eと下層Fに分かれた。

問 化合物がアニリン，安息香酸，フェノールのとき，各層に含まれる化合物（またはその塩）の組み合わせとして適当なものを選べ。

	下層D	上層E	下層F
①	アニリン	安息香酸	フェノール
②	アニリン	フェノール	安息香酸
③	安息香酸	フェノール	アニリン
④	安息香酸	アニリン	フェノール
⑤	フェノール	アニリン	安息香酸
⑥	フェノール	安息香酸	アニリン

17 糖類

1 単糖

それ以上加水分解されない糖。無色の結晶で甘みがあり，
(ア　　　　　)作用を示す(銀鏡反応，フェーリング液の還元)。

ヘキソース(六炭糖) $C_6H_{12}O_6$	グルコース，フルクトース，ガラクトース
ペントース(五炭糖) $C_5H_{10}O_5$	リボース，キシロース デオキシリボース(分子式は $C_5H_{10}O_4$)

ガラクトース　　　リボース

❶グルコース(ブドウ糖)　①動植物体内に存在　②水溶液中で，α型，アルデヒド型※，β型が平衡状態

③還元作用を示す　④結晶はα型

※アルデヒドの構造を生じる糖をアルドースという。

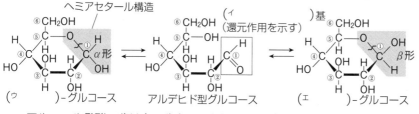

ヘミアセタール構造

(イ　　　　　)基
(還元作用を示す)

(ウ　　)-グルコース　　　アルデヒド型グルコース　　　(エ　　)-グルコース

✂の場所で開環する。

●アルコール発酵　酵母中の酵素の混合物チマーゼの作用で(オ　　　　　　　)を生成。

$$C_6H_{12}O_6 \longrightarrow 2C_2H_5OH + 2CO_2$$

❷フルクトース(果糖)　①果実，ハチミツ中に存在し，最も甘みが強い

②水溶液中で，2種類の環状構造(α型，β型)とケトン型の5種類が平衡状態にある

③還元作用を示す　④結晶はβ型

※ケトンの構造を生じる糖をケトースという。

注　六員環をもつ糖をピラノース，五員環をもつ糖をフラノースという。

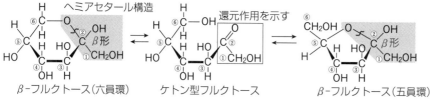

ヘミアセタール構造　　　還元作用を示す

β-フルクトース(六員環)　　ケトン型フルクトース　　β-フルクトース(五員環)

❸ガラクトース　寒天やラクトース(乳糖)の加水分解で得られる。

2 二糖 $C_{12}H_{22}O_{11}$

2分子の単糖が脱水縮合した構造の糖。無色の結晶で，甘みをもつ。

❶マルトース(麦芽糖)　①麦芽に含まれ，水あめの主成分

②還元作用を示す

③α-グルコース2分子が縮合した構造で，希硫酸や酵素
(カ　　　　　　)で加水分解される

④デンプンを酵素(キ　　　　　　)で加水分解して得られる

$$2(C_6H_{10}O_5)_n + nH_2O \longrightarrow nC_{12}H_{22}O_{11}$$

CH₂OH　CH₂OH　グリコシド結合

鎖状構造をとり，-CHO を生じ還元作用を示す。

解答
(ア) 還元　(イ) ホルミル　(ウ) α　(エ) β　(オ) エタノール　(カ) マルターゼ　(キ) アミラーゼ

❷スクロース(ショ糖) ①サトウキビやテンサイ中に存在。砂糖として利用

②還元作用を(^{ク}　　　)

③α-グルコースとβ-フルクトースが縮合した構造で，希硫酸
や酵素インベルターゼ，スクラーゼなどで(^{ケ}　　　)分解
される

●**転化糖**　スクロースの加水分解で得られるグルコースとフル
クトースの混合物。甘みが強く，還元作用を示す。

グリコシド結合
鎖状構造をとれず，還元作用を示さない。

❸ラクトース(乳糖)　①母乳や牛乳中に存在　②還元作用を示す

③α-グルコースとβ-ガラクトースが縮合した構造で，希硫酸や酵素(^{コ}　　　　　)で加水分解される

❹セロビオース　β-グルコース2分子が縮合した構造をもち，酵素セロビアーゼで加水分解される。

　注　二糖にはトレハロースもあり，これは還元作用を示さない。

3 多糖($C_6H_{10}O_5)_n$

多数の単糖が脱水縮合した構造の天然高分子。還元作用を(^{サ}　　　　)

❶デンプン　多数の(^{シ}　　)-グルコースが縮合した構造で，分子はらせん状。

①デンプンは熱水に溶け，コロイド溶液((^{ス}　　　)コロイド)となる

②ヨウ素液で濃青色～赤紫色((^{セ}　　　　　)反応：ヨウ素分子I_2や三ヨウ化物イオンI_3^-など
がデンプンのらせん構造内に入りこみ呈色する)

③デンプンは，希硫酸や酵素によってグルコースに加水分解される

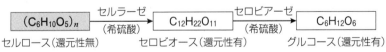

●**デンプンの加水分解**(希硫酸)

$(C_6H_{10}O_5)_n + nH_2O \longrightarrow nC_6H_{12}O_6$

(a) (^{ソ}　　　　　)…α-1,4-グリコシド結合だけで連な
った直鎖状構造で，熱水に溶けやすい。

(b) (^{タ}　　　　　　)…α-1,6-グリコシド結合による
枝分かれ構造をもち，熱水に溶けにくい。

1,6-結合

アミロース　　　　アミロペクチン
(1,4-結合のみ)　(1,4-結合と1,6-結合)
1,4-結合，1,6-結合はそれぞれα-1,4-，
α-1,6-グリコシド結合を表す。

❷グリコーゲン　①動物の筋肉や肝臓に存在　②グルコースに分解され，エネルギー源になる

❸セルロース　①植物の細胞壁の主成分　②多数のβ-グルコースが縮合し，(^{チ}　　　)-1,4-グリコシド結
合で連なった繊維状構造　③ヨウ素デンプン反応を示さない

④希硫酸や酵素で加水分解される

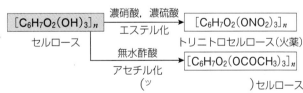

セルロース(還元性無)　　セロビオース(還元性有)　　グルコース(還元性有)

●**セルロースのエステル化**

分子内のヒドロキシ基がエステル化される。

$[C_6H_7O_2(OH)_3]_n$　　　　　　　濃硝酸，濃硫酸　　　$[C_6H_7O_2(ONO_2)_3]_n$
セルロース　　　　　　　　　　エステル化　　　トリニトロセルロース(火薬)

無水酢酸　　　$[C_6H_7O_2(OCOCH_3)_3]_n$
アセチル化
(^{ツ}　　　　　)セルロース

4 再生繊維と半合成繊維

❶再生繊維 吸湿性があり，光沢を示す。

❶[Cu(NH₃)₄]²⁺ を含む。

(テ　　　　)レーヨン	セルロースをシュワイツァー試薬❶に溶かしたのち，希硫酸中で繊維に再生。
(ト　　　　)レーヨン	セルロースを水酸化ナトリウムと二硫化炭素でビスコースにしたのち，希硫酸中で繊維に再生。

❷半合成繊維 次の反応で得られるアセテート繊維には吸湿性があり，光沢を示す。

$$[C_6H_7O_2(OH)_3]_n \xrightarrow[\text{(CH}_3\text{CO)}_2\text{O}]{\text{アセチル化}} [C_6H_7O_2(OCOCH_3)_3]_n \xrightarrow[\text{H}_2\text{O}]{\text{加水分解}} [C_6H_7O_2(OH)(OCOCH_3)_2]_n$$

セルロース　　　　　　　　　トリアセチルセルロース　　　　　　　(ナ　　　　　　　)
（アセテート繊維）

解答

(テ) 銅アンモニア　(ト) ビスコース　(ナ) ジアセチルセルロース

|基|本|問|題|

229. 糖の分類●次の文中の（　）に適する語句を下から選び，番号で答えよ。

　糖は，単糖，二糖，多糖などに分類され，一般式 $C_mH_{2n}O_n$ で表される。それ以上加水分解されない糖を単糖といい，含まれる炭素原子が6個のものを（　ア　），5個のものを（　イ　）とよんで区別される。単糖2分子が脱水縮合した構造の糖を二糖といい，（　ウ　）や（　エ　）がある。また，デンプンは，多数の（　オ　）が脱水縮合した構造をしており，多糖に分類される。デンプンには枝分かれ構造をもつ（　カ　）などがある。

① α-グルコース　　② β-グルコース　　③ ヘキソース
④ スクロース　　　⑤ アミロース　　　⑥ ペントース
⑦ アミロペクチン　⑧ マルトース

（ア）
（イ）
（ウ）
（エ）
（オ）
（カ）

230. 単糖●次の文を読み，下の各問いに答えよ。

　グルコースやフルクトースなどの単糖は，同じ分子式（　ア　）で示される。これらの単糖は，いずれも水に溶けやすく，水溶液中では（　イ　）構造のほかに，図のような鎖状構造をもつ分子がそれぞれ存在する。このため，グルコースもフルクトースも（　ウ　）作用を示す。すなわち，<u>アンモニア性硝酸銀水溶液から銀を析出させる（　エ　）反応</u>や，<u>フェーリング液から（　オ　）色の酸化銅（Ⅰ）を析出させる反応</u>などがみられる。

(1) 文中の（　）に適当な分子式や語句を入れよ。

(2) グルコースおよびフルクトースが，下線部のような性質を示すのは，図中のどの原子団にもとづくか。次の①〜⑤からそれぞれ選べ。

① −OH　　② −CH₂OH　　③ −CHO
④ ＞CO　　⑤ −CO−CH₂OH

グルコース

フルクトース

(1)(ア)
（イ）
（ウ）
（エ）
（オ）

(2)グルコース：

フルクトース：

231. 二糖の構造と性質●

(ア)〜(ウ)の二糖に関して，次の各問いに答えよ。

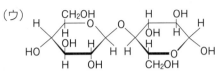

(1) 各糖の名称を下から選べ。

① マルトース
② ラクトース
③ スクロース
④ セロビオース

(2) 次の性質をもつ糖をそれぞれ選び，(ア)〜(ウ)の記号で示せ。

① 水あめに含まれる。
② フェーリング液を還元しない。
③ セルロースの加水分解で生じる。
④ 加水分解するとフルクトースを生じる。

(1)(ア)＿＿＿＿＿＿

(イ)＿＿＿＿＿＿

(ウ)＿＿＿＿＿＿

(2)①＿＿＿＿＿＿

②＿＿＿＿＿＿

③＿＿＿＿＿＿

④＿＿＿＿＿＿

232. 二糖●次の記述について，誤っているものを2つ選び，番号で答えよ。

(ア) 二糖は単糖2分子からなり，その分子式は $C_{12}H_{24}O_{12}$ である。

(イ) マルトースとスクロースは，互いに異性体の関係にある。

(ウ) ラクトースは還元作用を示さない。

(エ) ラクトースを加水分解すると，ガラクトースが得られる。

(オ) マルトースもセロビオースも，加水分解によってグルコースを生じる。

＿＿＿＿＿＿

233. グルコースとマルトース●次の文を読み，下の各問いに答えよ。

デンプン $(C_6H_{10}O_5)_n$ を希硫酸で加水分解するとグルコースを生じる。グルコースに酵母菌を加えると，(a)酵素の混合物が作用して①エタノールを生じる。

一方，デンプンを(b)酵素で加水分解するとマルトースが得られる。マルトースに別の(c)酵素を作用させると，②加水分解がおこりグルコースを生じる。

(1) 下線部(a)〜(c)の酵素名を記せ。

(2) 下線部①の変化を化学反応式で記せ。また，この反応は何というか。

(3) 下線部②の変化を化学反応式で記せ。

(1)(a)＿＿＿＿＿＿

(b)＿＿＿＿＿＿

(c)＿＿＿＿＿＿

反応名：＿＿＿＿＿＿

234. スクロース 次の文を読み，下の各問いに答えよ。

スクロースは，図に示すような単糖2分子が脱水縮合した構造をもつ二糖である。

スクロース水溶液を希硫酸で加水分解すると，2種類の単糖を含む混合物が得られる。

(1) スクロースを比較的多く含む植物の名称を1つ記せ。

(2) スクロース分子中で，縮合で生じた結合－O－を，特に何結合とよぶか。

(3) スクロースの加水分解を表す化学反応式を記せ。また，このとき生じる2種類の単糖の名称およびその混合物の名称をそれぞれ記せ。

化学反応式 _____

単糖 _____ 混合物 _____

(4) 下線部のスクロースおよび混合物の還元作用の有無を，それぞれ答えよ。

(1) _____

(2) _____

(4) _____

235. デンプン 文中の（　）に適語を入れよ。

デンプンは，多数の（　ア　）が脱水縮合した構造で，長い鎖状の分子である。デンプン分子には，(ア)がα-1,4-グリコシド結合で連なった直鎖状構造の（　イ　）と，（　ウ　）結合による枝分かれ構造をもつ（　エ　）があり，前者は熱水に溶けやすい。デンプン水溶液は，横から強い光をあてると光の通路が輝いて見える（　オ　）現象が見られるので，（　カ　）溶液になっていることがわかる。また，デンプン水溶液に少量のヨウ素液を加えると（　キ　）色になる。この呈色反応は，デンプン分子の（　ク　）構造の内部に，ヨウ素がI_2や$I_3{}^-$などの形で取り込まれることでおこり，（　ケ　）反応とよばれる。

デンプン水溶液を酵素アミラーゼで加水分解すると，（　コ　）とよばれる高分子を経て，二糖の（　サ　）を生じる。

（ア）_____ （イ）_____

（ウ）_____

（エ）_____ （オ）_____

（カ）_____ （キ）_____

（ク）_____ （ケ）_____

（コ）_____ （サ）_____

236. セルロース 図にセルロースの化学変化を示す。図中の□には物質名，(a)，(b)には反応名を記せ。

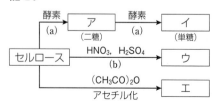

ア：_____ イ：_____

ウ：_____

エ：_____

(a) _____ (b) _____

237. [知識] **再生繊維と半合成繊維**●文中の( )に適当な語句，物質名を記せ。

木材から得られるセルロースを，シュワイツァー試薬に溶解し，希硫酸中に押し出して繊維にしたものが(ア)レーヨンである。この繊維はもとのセルロースと同じ構造をしており，(イ)繊維に分類される。

これに対して，セルロースに(ウ)，酢酸および濃硫酸を作用させると(エ)が得られる。この(エ)の構造の一部を変化させて得られるジアセチルセルロースが繊維として利用される。この繊維はもとのセルロースの構造の一部が変化しており，(オ)繊維に分類される。

(ア) _____

(イ) _____

(ウ) _____

(エ) _____

(オ) _____

▓▓▓▓▓▓▓▓▓▓▓▓▓▓▓▓▓▓▓▓▓▓▓▓ [標│準│問│題] ▓▓▓▓▓▓▓▓▓▓▓▓▓▓▓▓▓▓▓▓▓▓▓▓

238. [思考] **デンプンの加水分解**◆デンプン $(C_6H_{10}O_5)_n$ は，アミラーゼで加水分解されてマルトース $C_{12}H_{22}O_{11}$ を生じ，マルトースはマルターゼでグルコース $C_6H_{12}O_6$ になる。グルコースは，水溶液中では，α-グルコース(Ⅰ)が鎖状構造の(Ⅱ)を経て(Ⅲ)になり，これらが平衡状態にある。

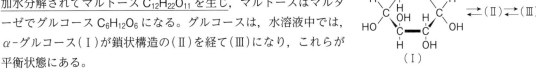

(1) 下線部の変化を化学反応式で表せ。

_____

(2) (Ⅱ)，(Ⅲ)の構造式を(Ⅰ)にならってそれぞれ記せ。

 (Ⅱ)   (Ⅲ)

_____

(3) デンプン 32.4 g をすべてマルトースにすると，生じるマルトースは何 g か。

(3) _____

239. [思考] **アセテート繊維**◆セルロース $(C_6H_{10}O_5)_n$ に無水酢酸を作用させると，トリアセチルセルロースが得られる。これをおだやかに加水分解してジアセチルセルロースに変えたのち，繊維状にしたものがアセテート繊維であり，半合成繊維に分類される。

(1) ジアセチルセルロースの化学式を記せ。

(2) アセテート繊維 41 g をつくるためには，もとのセルロースが何 g 必要になるか。

(1) _____

(2) _____

第Ⅴ章　高分子化合物

18 アミノ酸とタンパク質，核酸

1 α-アミノ酸 R−CH(NH₂)COOH

❶ α-アミノ酸の性質

①同一の炭素原子に，アミノ基−NH₂ と(ア　　　　)基
−COOH が結合した両性化合物

②タンパク質を構成する α-アミノ酸は約20種

③(イ　　　　　　)原子をもつ(グリシン以外)。天然
の α-アミノ酸は L 体

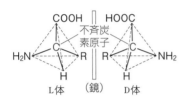

L体　　(鏡)　　D体

④結晶中では(ウ　　　　)イオンの形で存在

⑤水溶液中では陽イオン，双性イオン，陰イオンが共
存。水溶液の pH に応じて，イオンの割合が変化

●必須アミノ酸　体内で合成できず，食物からの摂取
が必要な α-アミノ酸。

アミノ基 $H_2N-\overset{R}{\underset{H}{\overset{|}{C}}}-COOH$ カルボキシ基
(塩基性)　　　　　　　　　　　(酸性)

RはH−，CH₃−などを表す。

アミノ酸の名称		R−の種類	等電点
グリシン	Gly	H−	6.0
アラニン	Ala	CH₃−	6.0
フェニルアラニン 必 Phe		⬡−CH₂−	5.5
チロシン	Tyr	HO−⬡−CH₂−	5.7
セリン	Ser	HO−CH₂−	5.7
システイン	Cys	HS−CH₂−	5.1
メチオニン 必	Met	CH₃−S−(CH₂)₂−	5.7
グルタミン酸 酸	Glu	HOOC−(CH₂)₂−	3.2
リシン 必 塩	Lys	H₂N−(CH₂)₄−	9.7
ロイシン 必	Leu	CH₃−CH(CH₃)−CH₂−	6.0

必 ヒトの必須アミノ酸

酸 酸性アミノ酸　…Rの中に−COOH をもつ

塩 塩基性アミノ酸…Rの中に−NH₂をもつ

❷ 等電点と電気泳動

(a)　(エ　　　　　　)…水溶液中で正，負の
電荷がつり合い([A⁺]＝[A⁻])，全体とし
て電荷が 0 になるときの pH の値。

(b)　(オ　　　　　　)…アミノ酸によって
等電点の値が異なるので，アミノ酸の混合
水溶液に適当な pH のもとで直流電圧をか
けると，各アミノ酸を分離できる。

〈例〉　グリシン，グルタミン酸，
リシンの分離

pH6.0の緩衝液で湿らせたろ紙の中央に
混合水溶液をつけ，直流電圧をかける。

$+H_3N-\overset{R}{\underset{H}{\overset{|}{C}}}-COOH \underset{H^+}{\overset{OH^-}{\rightleftharpoons}} +H_3N-\overset{R}{\underset{H}{\overset{|}{C}}}-COO^- \underset{H^+}{\overset{OH^-}{\rightleftharpoons}} H_2N-\overset{R}{\underset{H}{\overset{|}{C}}}-COO^-$

陽イオン A⁺　　　　　双性イオン　　　　　陰イオン A⁻
(酸性水溶液中)　　　　(等電点)　　　　　(塩基性水溶液中)

pH	等電点よりも小	等電点	等電点よりも大
多いイオン	陽イオン	双性イオン	陰イオン
電気泳動	陰極側に移動	移動しない	陽極側に移動

グリシン：等電点6.0(双性イオンが多く，移動しない)

陰極(−)　　pH 6.0　　　　　　　　　　　陽極(+)

リシン：等電点9.7　　　　グルタミン酸：等電点3.2
(陽イオンが多く，陰極側へ移動)　(陰イオンが多く，陽極側へ移動)

❸ α-アミノ酸の反応

(a)　(カ　　　　　　　　)反応…ニンヒドリン溶液を加えて加熱すると赤紫色～青紫色
に呈色(アミノ基の検出)。

ニンヒドリン

(b)　カルボキシ基，アミノ基の反応

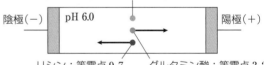

$H_2N-\overset{R}{\underset{H}{\overset{|}{C}}}-COOCH_3 \underset{エステル化}{\overset{CH_3OH}{\longleftarrow}} H_2N-\overset{R}{\underset{H}{\overset{|}{C}}}-COOH \overset{(CH_3CO)_2O}{\underset{アセチル化}{\longrightarrow}} CH_3CONH-\overset{R}{\underset{H}{\overset{|}{C}}}-COOH$

解答

(ア) カルボキシ　(イ) 不斉炭素　(ウ) 双性　(エ) 等電点　(オ) 電気泳動　(カ) ニンヒドリン

❹ペプチド　α-アミノ酸の分子間で−NH₂と−COOHが脱水縮合して生じる化合物。

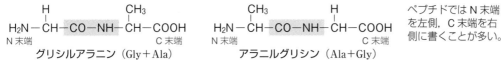

α-アミノ酸　　　　　α-アミノ酸　　　　　　　　　　ジペプチド　　　ペプチド結合

注　アミノ酸2分子が縮合して生じたものを(^{キ}　　　　　　　）、3分子が縮合して生じたものをトリペプチドという。多数のアミノ酸が縮合したものを(^{ク}　　　　　）という。ジペプチドは1個，トリペプチドは2個のペプチド結合をもつ。

●ペプチドの異性体　〈例〉　グリシンとアラニンからなるジペプチドには2種類ある。

$$H_2N-CH-CO-NH-CH-COOH$$

N末端　　　　　　　　　　C末端
グリシルアラニン（Gly＋Ala）

$$H_2N-CH-CO-NH-CH-COOH$$

N末端　　　　　　　　　　C末端
アラニルグリシン（Ala＋Gly）

ペプチドではN末端を左側，C末端を右側に書くことが多い。

▊2▊ タンパク質

❶タンパク質　多数のα-アミノ酸が(^{ケ}　　　　　　）結合で連なったポリペプチド。

（a）　タンパク質の構造　（^{コ}　　　　　）構造…ポリペプチド鎖中のα-アミノ酸の配列順序

（^{サ}　　　　　）構造（ポリペプチド鎖の形）

（^{シ}　　　　　）構造
（二次構造の折れ重なり）

（^{ス}　　　　　）構造
（三次構造の集合体）

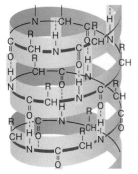

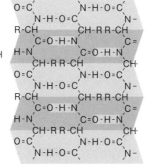

らせん状構造（α-ヘリックス）　　ひだ状構造（β-シート）

イオン結合，ジスルフィド結合などが関与

ファンデルワールス力などが関与

▨の部分で（^{セ}　　　　）結合を形成している。

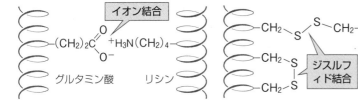

グルタミン酸　　リシン

タンパク質の結合
タンパク質の三次構造には，イオン結合やジスルフィド結合などが関与している。ジスルフィド結合はシステインを含む場合に生じる。

（b）　タンパク質の分類　タンパク質分子の形状や構成成分によって分類される。

形状	繊維状タンパク質	繊維状	ケラチン（毛髪，爪），フィブロイン（絹）コラーゲン（骨，軟骨，けん）	繊維状タンパク質
	球状タンパク質	球状	アルブミン（卵白，水，食塩水に可溶）グロブリン（卵白，水に不溶。食塩水に可溶）	
構成成分	単純タンパク質	α-アミノ酸のみで構成	ケラチン，コラーゲングルテリン（小麦）	球状タンパク質
	複合タンパク質	α-アミノ酸のほか，糖，色素，リン酸などで構成	カゼイン（リン酸を含む，牛乳）ヘモグロビン（色素を含む，血液）	

〔解答〕
（キ）ジペプチド　（ク）ポリペプチド　（ケ）ペプチド　（コ）一次　（サ）二次　（シ）三次　（ス）四次　（セ）水素

143

(c) タンパク質の性質

①(ソ　　　　)…熱，酸・塩基，重金属イオン（Cu^{2+}，Pb^{2+} など），アルコールなどで性質が変化すること。水素結合の組み替えなど，タンパク質の高次構造（二次以上）の変化。

②塩析…水溶性のタンパク質は(タ　　　　)コロイドであり，溶液は多量の電解質で沈殿。

③加水分解…酸や塩基，酵素などによって加水分解され，(チ　　　　)結合が切断される。

(d) タンパク質の呈色反応

呈色反応	操作	呈色	検出
(ツ　　　　)反応	水酸化ナトリウム水溶液，さらに少量の硫酸銅（Ⅱ）水溶液を加える。	赤紫色	2つ以上のペプチド結合❶
(テ　　　　)反応	濃硝酸を加えて加熱する。	黄色	ニトロ化されやすいベンゼン環
	さらに濃アンモニア水を加える。	橙黄色	
酢酸鉛（Ⅱ）との反応	固体の水酸化ナトリウムを加えて加熱し，酢酸鉛（Ⅱ）水溶液を加える。	(ト　　)色 (PbS)	硫黄元素S
ニンヒドリン反応	ニンヒドリン溶液を加えて加熱する。	(ナ　　)色	アミノ基−NH_2

❶ビウレット反応は，Cu^{2+} とペプチド結合−NH−CO−中の窒素原子Nが配位結合を形成して錯イオンを生じる反応で，トリペプチド以上でみられる。

注 窒素元素Nの検出　NaOH(固)を加えて加熱し，HClを近づけると白煙 NH_4Cl を生成。

❷**酵素**　生物体内で，触媒として働くタンパク質。

(a) 基質特異性…特定の物質（(ニ　　　　)）の特定の反応だけに働く。酵素-基質複合体を形成。

(例)　酵素(基質)：アミラーゼ(デンプン)＊　＊α-，β-，グルコアミラーゼなどがある。

ペプシン(タンパク質)，リパーゼ(油脂)，カタラーゼ(過酸化水素)

(ヌ　　　　)剤…酵素の活性部位に結合し，酵素反応を妨げる物質。

(b) 最適温度…一般に，体温付近でよく働く(低温では機能低下，高温では変性して(ネ　　　　)する)。

(c) 最適pH

ペプシン pH2　　　　(胃液)

α-アミラーゼ pH6.7　(だ液)

トリプシン pH8　　　(すい液)

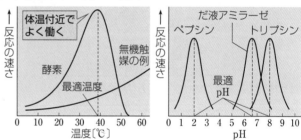

3 核酸

(a) ヌクレオチド　核酸の構成単位。炭素数5の糖に，環状の塩基とリン酸が結合。

(b) デオキシリボ核酸 DNA

①構造　糖：(ノ　　　　　　)

塩基：アデニン(A)，(ハ　　　　)(T)，グアニン(G)，シトシン(C)

アデニンとチミン，グアニンとシトシンが水素結合によって相補的に結合し，2本のポリヌクレオチド鎖が(ヒ　　　　)構造を形成。

DNAの二重らせん

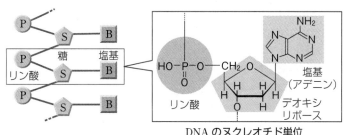

DNA のヌクレオチド単位

(c) リボ核酸 RNA

①構造　糖　：リボース

　　　　塩基：アデニン(A)，(フ　　　　　　　)(U)*，

　　　　　　　グアニン(G)，シトシン(C)

　　　　*DNA のチミンがウラシルに変わっている。

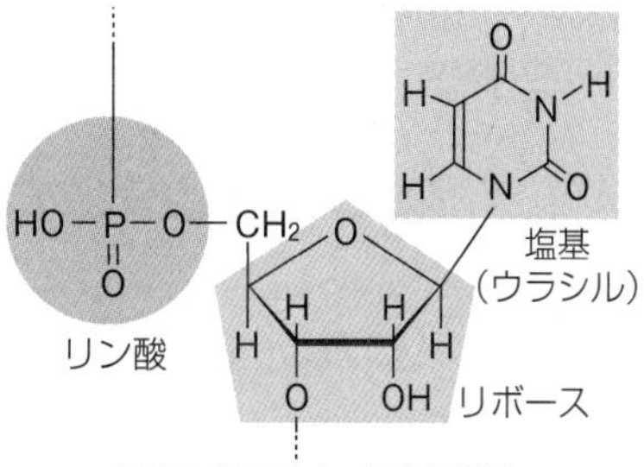

RNA のヌクレオチド単位

②タンパク質の合成　DNA の遺伝情報((ヘ　　　　　　　))を写し取りながら，

(ホ　　　　　　　)が合成され(転写)，この情報にもとづき，(マ　　　　　　　　)が合成される。

〔解答〕
(フ) ウラシル　(ヘ) 塩基配列　(ホ) RNA　(マ) タンパク質

|基|本|問|題|

240. 〔知識〕 **α-アミノ酸** 次の(ア)～(カ)のα-アミノ酸について，下の各問いに答えよ。

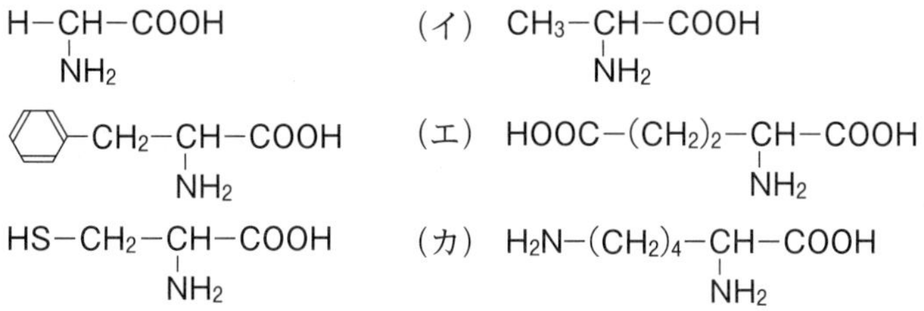

(ア)　H−CH−COOH
　　　　　　|
　　　　　NH₂

(イ)　CH₃−CH−COOH
　　　　　　　|
　　　　　　NH₂

(ウ)　⬡−CH₂−CH−COOH
　　　　　　　　　|
　　　　　　　　NH₂

(エ)　HOOC−(CH₂)₂−CH−COOH
　　　　　　　　　　　　|
　　　　　　　　　　　NH₂

(オ)　HS−CH₂−CH−COOH
　　　　　　　　|
　　　　　　　NH₂

(カ)　H₂N−(CH₂)₄−CH−COOH
　　　　　　　　　　　|
　　　　　　　　　NH₂

(1)　(ア)，(イ)の名称を答えよ。

(2)　酸性アミノ酸および塩基性アミノ酸をそれぞれ1つずつ選び，記号で答えよ。

(3)　(ウ)と(カ)は必須アミノ酸である。必須アミノ酸とは何か。簡潔に説明せよ。

(1)(ア)　　　　　　　

　　(イ)　　　　　　　

(2)酸性：　　　　　　

　塩基性：　　　　　

(3)　　　　　　　　　

241. 〔知識〕 **α-アミノ酸の立体構造** 次の文中の(　　)に適当な語句を入れ，(問)に答えよ。

　(　ア　)以外のα-アミノ酸には(　イ　)炭素原子があり，(　ウ　)異性体(D体，L体)が存在する。天然に存在するα-アミノ酸は(　エ　)体である。

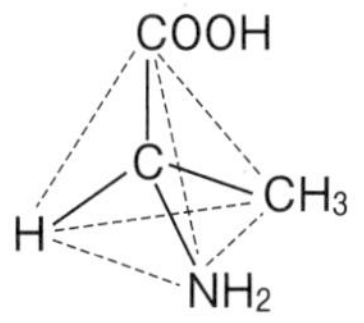

D 体

　(問)　アラニン CH₃−CH(NH₂)COOH の(ウ)異性体のD体の構造は，図のようになる。これにならって，アラニンのL体の構造を記せ。

(ア)　　　　　　　

(イ)　　　　　　　

(ウ)　　　　　　　

(問)

242. α-アミノ酸の水溶液 [知識] ●グリシン $CH_2(NH_2)COOH$ の水溶液について,

次の(1)〜(3)にあてはまるものを下の(ア)〜(エ)から選び,記号で答えよ。

(1) 等電点の水溶液中におもに存在するもの

(2) 水溶液を強酸性にしたとき,水溶液中におもに存在するもの

(3) 水溶液を強塩基性にしたとき,水溶液中におもに存在するもの

(1) _____

(2) _____

(3) _____

(ア)
$$H_2N-\overset{\displaystyle H}{\underset{\displaystyle H}{C}}-COOH$$

(イ)
$${}^+H_3N-\overset{\displaystyle H}{\underset{\displaystyle H}{C}}-COOH$$

(ウ)
$$H_2N-\overset{\displaystyle H}{\underset{\displaystyle H}{C}}-COO^-$$

(エ)
$${}^+H_3N-\overset{\displaystyle H}{\underset{\displaystyle H}{C}}-COO^-$$

243. α-アミノ酸の反応 [知識] ●アラニンの反応について,次の各問いに答えよ。

(1) アラニンの化学式を(例)にならって記せ。

(2) アラニンとメタノールの反応を化学反応式で記せ。

(例) グリシン
$$H-\overset{\displaystyle }{\underset{\displaystyle NH_2}{CH}}-COOH$$

(1) _____

(3) アラニンと無水酢酸の反応を化学反応式で記せ。

(4) グリシン1分子とアラニン1分子からできる2種類のジペプチドの構造式を記せ。

244. タンパク質の分類 [知識] ●次の文中の( )に適当

な語句を入れよ。

タンパク質は,多数のα-アミノ酸が(ア)結合で連なったポリペプチドである。タンパク質のうち,ケラチンのように,加水分解するとα-アミノ酸だけが得られるものを(イ)タンパク質という。一方,カゼインのように,α-アミノ酸以外に糖やリン酸などを生じるものを(ウ)タンパク質という。

また,絹を構成するタンパク質である(エ)は,平行に並んだり,ねじれ合ったりしており,(オ)状タンパク質に分類される。一方,卵白中の(カ)やグロブリンなどは,複雑にからみ合って球状になっており,(キ)状タンパク質に分類される。

(ア)	(イ)
(ウ)	(エ)
(オ)	(カ)
(キ)	

245. タンパク質の構造 [知識] ●文中の( )に適語を入れよ。

タンパク質を構成するα-アミノ酸の配列順序をタンパク質の(ア)構造という。タンパク質分子には図のような(イ)状構造やひだ状構造をとるものがある。このような分子鎖の立体的な構造をタンパク質の(ウ)構造という。

また,タンパク質分子内および分子間には,(エ)結合(図中の⋯⋯),$-COO^-$と$-NH_3^+$による(オ)結合,$-S-S-$で表される(カ)結合などがつくられることがある。

(ア)	_____
(イ)	_____
(ウ)	_____
(エ)	_____
(オ)	_____
(カ)	_____

知識
246. タンパク質の呈色反応●卵白水溶液を用いた実験(a)～(d)について，下の各問いに答えよ。

(a) ニンヒドリン溶液を加えて加熱した。

(b) 水酸化ナトリウム水溶液を加え，次に少量の硫酸銅(Ⅱ)水溶液を加えた。

(c) 濃硝酸を加えて加熱した。さらに，アンモニア水で塩基性にした。

(d) 水酸化ナトリウムを加えて加熱し，酢酸鉛(Ⅱ)水溶液を加えた。

(1) (a)～(c)の各呈色反応の名称をそれぞれ記せ。

(2) (a)～(d)ではいずれも呈色がみられた。それぞれ何色か。ただし，(c)では2段階の変化を記せ。

(3) (a)～(d)の反応で検出される元素や原子団は次のどれか。記号で記せ。

(ア) N (イ) S (ウ) −NH₂ (エ) −NH−CO−

(オ) ⬡−OH

| (1)(a) |
| (b) |
| (c) |
| (2)(a)　　(b) |
| (c) |
| (d) |
| (3)(a)　　(b) |
| (c)　　(d) |

思考
247. タンパク質の性質●次の記述のうち，正しいものを1つ選べ。

(ア) 赤血球中のヘモグロビンは，単純タンパク質である。

(イ) タンパク質の変性は，ペプチド結合が切断される変化である。

(ウ) ビウレット反応は，トリペプチドではおこらない。

(エ) 卵白の水溶液は疎水コロイドの水溶液なので，少量の電解質で凝析がおこる。

(オ) 卵白の水溶液に固体の水酸化ナトリウムを加えて加熱したのち，発生した気体に濃塩酸を近づけると白煙が生じる。

知識
248. 酵素●酵素に関する次の文中の(　　)に適当な語句を記せ。

酵素は，生体内の化学反応の(ア)として働き，特定の物質の特定の反応にだけ作用する。これを酵素の(イ)性という。このとき，酵素は，作用する物質と結合した(ウ)複合体を形成する。酵素反応の速さも温度の上昇に伴って大きくなるが，一定の温度をこえると急に小さくなる。これは，酵素がタンパク質であるため，熱によって(エ)し，(ア)作用を失うことが多いからである。これを酵素の(オ)という。

| (ア) |
| (イ) |
| (ウ) |
| (エ) |
| (オ) |

知識
249. 酵素の反応●酵素に関する次の表について，下の各問いに答えよ。

酵素	基質	生成物	最適pH	所在の例
アミラーゼ	(ア)	デキストリン，マルトース	6.6～7.0	だ液
ペプシン	(イ)	ポリペプチド	[A]	胃液
リパーゼ	油脂	モノグリセリド，(ウ)	8.0	すい液
カタラーゼ	過酸化水素	水，(エ)		血液，肝臓

(1) 表の空欄(ア)～(エ)にあてはまる物質名を記せ。

(2) 表の空欄[A]にあてはまる値を次のうちから1つ選べ。

① 1.6～2.4 ② 4～5 ③ 6.6～7.0 ④ 10～11

⑤ 12～13

| (1)(ア) |
| (イ) |
| (ウ) |
| (エ) |
| (2) |

250. 知識 **核酸の構造**◉次の(1)，(2)にあてはまる核酸の名称を答え，その構成成分を(ア)〜(ク)からそれぞれすべて選べ。

(1) 遺伝子の本体で，遺伝情報をもつ。二重らせん構造をしている。

(2) 細胞の核の中で，遺伝情報(塩基配列)を写し取りながら合成される。

(1) _____

成分： _____

(2) _____

成分： _____

(ア) リボース (イ) デオキシリボース (ウ) アデニン (エ) グアニン

(オ) ウラシル (カ) シトシン (キ) チミン (ク) リン酸

251. 知識 **核酸**◉核酸に関する次の記述のうち，誤りを含むものを1つ選べ。

(ア) 核酸は，ヌクレオチドという単位が重合した高分子化合物である。

(イ) ヌクレオチドは，炭素原子が5個の糖，塩基，リン酸から構成される。

(ウ) DNAとRNAのヌクレオチドを構成する糖は，どちらも同じものである。

(エ) DNA分子間で，アデニンとチミン，グアニンとシトシンが水素結合によって選択的に引き合い，二重らせん構造が保たれている。

(オ) RNAは，DNAの塩基配列を写し取りながら合成される。

■■■■■■■■■■■■■■■■■■■■■■■■■■■■■■■ ［標｜準｜問｜題］ ■■■■■■■■■■■■■■■■■■■■■■■■■■■■■■■

252. 思考 **アミノ酸の等電点**◆グリシンは水溶液中で，$H_3N^+-CH_2-COOH$，$H_3N^+-CH_2-COO^-$，$H_2N-CH_2-COO^-$ の形で存在し，①，②式の電離平衡が成り立つ。①，②の電離定数をそれぞれ K_1，K_2 として，グリシンの等電点を小数第1位まで求めよ。

_____

$$H_3N^+-CH_2-COOH \rightleftharpoons H_3N^+-CH_2-COO^-+H^+ \quad \cdots① \qquad K_1=4.0\times10^{-3}\,mol/L$$

$$H_3N^+-CH_2-COO^- \rightleftharpoons H_2N-CH_2-COO^-+H^+ \quad \cdots② \qquad K_2=2.5\times10^{-10}\,mol/L$$

253. 思考 **ペプチドの構造決定**◆次の3つのアミノ酸からなるトリペプチドAがある。

グリシン　$H-CH(NH_2)COOH$(Gly)

チロシン　$HO-C_6H_4-CH_2-CH(NH_2)COOH$(Tyr)

リシン　　$H_2N-(CH_2)_4-CH(NH_2)COOH$(Lys)

_____

リシンのカルボキシ基が形成したペプチド結合のみを加水分解する酵素を用いて，トリペプチドAを分解したところ，ジペプチドBとアミノ酸Cが得られた。Bはキサントプロテイン反応を示した。また，アミノ酸Cには鏡像異性体が存在しなかった。トリペプチドA中のグリシン，チロシン，リシンの結合順序を決定し，Aの構造を $H_2N-Gly-Tyr-Lys-COOH$ のように表せ。

19 合成繊維

1 合成高分子化合物

合成繊維，合成樹脂（プラスチック），合成ゴムなどの合成高分子化合物は，(^{ア}　　　　　)（モノマー）を多数重合させて得られる(^{イ}　　　　　)（ポリマー）で，さまざまな形状に加工して利用される。重合体中の繰り返し単位の数を(^{ウ}　　　　　)という。

❶重合の種類

(^{エ}　　　　)重合
2つ以上の官能基をもつ単量体が縮合しながら重合

(^{オ}　　　　)重合
C＝C結合をもつ単量体が互いに付加しながら重合

…●─ …●─● …●─● …●─● …小さい分子

注 このほか，環状構造の単量体が環を開きながら重合する(^{カ}　　　　　)重合，2種類以上の単量体が連なる(^{キ}　　　　　)重合，単量体が付加や縮合を繰り返しながら立体網目状に連なる(^{ク}　　　　　)などがある。

❷合成高分子化合物の特徴

①重合度や分子量の異なる高分子が混在するため，平均重合度や(^{ケ}　　　　　)分子量を用いる。

②一定の融点を示さず，加熱すると軟化する。この温度を(^{コ}　　　　　)（ガラス転移点）という。

③分子が規則的に配列した結晶領域と，不規則に配列した(^{サ}　　　　　)領域をもつ。

M（平均分子量）
分子数の割合
分子量 →
結晶領域
非晶領域

2 合成繊維

合成繊維は糸状に引きのばして利用される合成高分子。

❶ポリアミド 多数の(^{シ}　　　　　)結合－CO－NH－によって連なった合成高分子。

| ナイロン66（6,6-ナイロン） | 弾力性に富み，摩擦に強い。吸湿性に乏しく，熱に弱い。 |

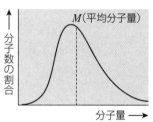

nHOOC－(CH₂)₄－COOH
アジピン酸

nH₂N－(CH₂)₆－NH₂
ヘキサメチレンジアミン

縮合重合
$-2n$H₂O

ナイロン66

| ナイロン6（6-ナイロン） | 弾力性に富み，摩擦に強い。 |

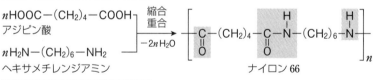

カプロラクタム❶

開環重合

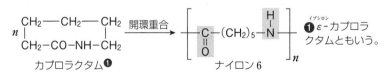

❶ε-カプロラクタムともいう。

ナイロン66
アジピン酸ジクロリドのヘキサン溶液
ヘキサメチレンジアミン水溶液

反応をおこしやすくするため，アジピン酸ジクロリドを用いている。

［解答］
（ア）単量体 （イ）重合体 （ウ）重合度 （エ）縮合 （オ）付加 （カ）開環 （キ）共 （ク）付加縮合 （ケ）平均
（コ）軟化点 （サ）非晶 （シ）アミド

強度が大きく，弾力性・耐熱性に
すぐれる。

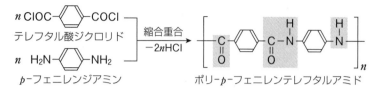

❷**ポリエステル**　多数の(^{ス}　　　　　　　　)結合−CO−O−によって連なった合成高分子。

ポリエチレンテレフタラート（PET）　摩擦や熱に強い。吸湿性に乏しく，帯電しやすい。

注 PETは，合成樹脂としても広く利用される。

❸**アクリル繊維**

軽く，やわらかい。保湿性がよい。

注 一般には，アクリロニトリルとアクリル酸メチル
CH$_2$=CHCOOCH$_3$を共重合させている。

nCH$_2$=CH $\xrightarrow{\text{付加重合}}$ $\left[\text{CH}_2-\text{CH}\right]_n$
　　　|　　　　　　　　　　　　　|
　　 CN　　　　　　　　　　　 CN

アクリロニトリル　　　ポリアクリロニトリル

❹**ビニロン**　高強度で，適度な吸湿性をもつ。

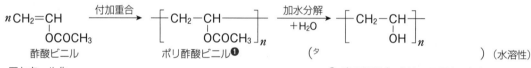

❶ポリ酢酸ビニルはエステルであり，
加水分解でアルコールを生じる。

❷同一炭素原子にエーテル結合が2つ
ある化合物をアセタールという。

解答
（ス）エステル　（セ）テレフタル酸　（ソ）エチレングリコール　（タ）ポリビニルアルコール

|基|本|問|題|

254. [知識] **合成高分子化合物の特徴**●次のうちから，正しいものを2つ選べ。

（ア）合成高分子化合物は，構成単位の単量体が分子間力で多数集まったものである。

（イ）合成高分子化合物の分子量は分布をもつため，平均値で表される。

（ウ）合成高分子化合物は，固有の融点を示す。

（エ）合成高分子化合物の固体は，結晶領域と非晶領域をもつことが多い。

255. [知識] **重合の種類**●次の(1)〜(3)に示す重合反応の名称を下から選び，記号で記せ。

（1）C=C結合をもつ1種類の単量体が多数重合する反応。

（2）2つ以上の官能基をもつ単量体が水などを脱離しながら多数重合する反応。

（3）環状構造をもつ1種類の単量体が環を開きながら多数重合する反応。

　（ア）縮合重合　　（イ）付加重合　　（ウ）開環重合

(1)　　　　　　　
(2)　　　　　　　
(3)

知識
256. ポリアミド●次の文中の（　）に適当な語句，物質名を記せ。

多数の（　ア　）結合−CO−NH−によって連なった合成高分子を（　イ　）という。（イ）には，アジピン酸と（　ウ　）との（　エ　）重合で合成されるナイロン66がある。ナイロン6も（イ）に分類されるが，単量体は（　オ　）であり，（　カ　）重合で合成される。p−フェニレンジアミンとテレフタル酸ジクロリドからは（　キ　）繊維が合成される。

（ア）	（イ）
（ウ）	
（エ）	（オ）
（カ）	（キ）

思考
257. ポリエステル●次の文中の（　）に適当な語句，物質名，数字を記せ。

多数の（　ア　）結合−CO−O−によって連なった合成高分子を（　イ　）という。（イ）の代表的な例がポリエチレンテレフタラート（PET）であり，（　ウ　）と（　エ　）の2種類の単量体の（　オ　）重合で合成される。

図のような構造をもつPETの平均分子量が3.84×10^4のとき，重合度nは（　カ　）であり，（ア）結合は（　キ　）個含まれる。

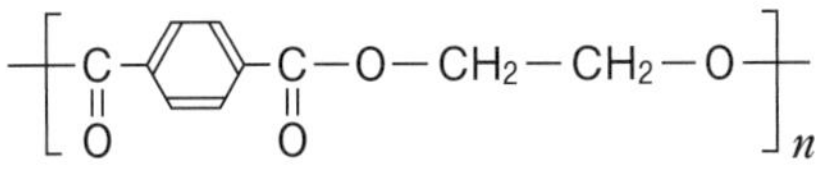

$$\left[\begin{matrix} C \\ \| \\ O \end{matrix} - \bigcirc - \begin{matrix} C \\ \| \\ O \end{matrix} - O - CH_2 - CH_2 - O \right]_n$$

（ア）	（イ）
（ウ）	（エ）
（オ）	（カ）
（キ）	

知識
258. ビニロン●ビニロンは，酢酸ビニルを原料にして，ポリ酢酸ビニル，ポリビニルアルコールを経て合成される。この合成反応の流れは，次のようになる。下の各問いに答えよ。

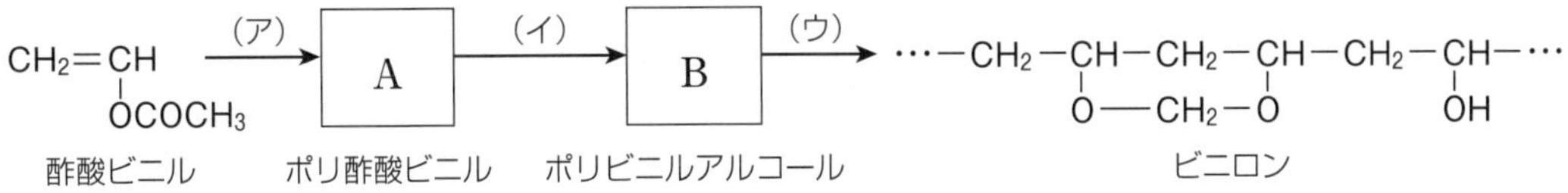

$$CH_2=CH \atop \quad | \atop OCOCH_3 \xrightarrow{\text{（ア）}} \boxed{A} \xrightarrow{\text{（イ）}} \boxed{B} \xrightarrow{\text{（ウ）}} \cdots CH_2-CH-CH_2-CH-CH_2-CH \cdots$$

酢酸ビニル　　ポリ酢酸ビニル　　ポリビニルアルコール　　　　　ビニロン

（1）図中のA，Bに構造式を記せ。

A　　　　　　　　　　　　　　　　　　　　　B

（2）図中の（ア）〜（ウ）に反応名を記せ。

（ア）　　　　　　　　　　　（イ）　　　　　　　　　　　（ウ）

（3）図中の化合物のうち，エステルをすべて選び，物質名で記せ。

（3）

（4）反応（ウ）で，ポリビニルアルコールに作用させる低分子量の物質は何か。物質名および構造式を記せ。

物質名　　　　　　　　構造式

（4）　　　　　　　　　，

259. 合成繊維と単量体●次の(1)～(4)は，合成繊維の構造の一部を示している。これらの合成繊維の名称，および原料となる単量体の名称を記せ。

(1) $\cdots-\underset{O}{\overset{||}{C}}-\langle\bigcirc\rangle-\underset{O}{\overset{||}{C}}-O-(CH_2)_2-O-\cdots$

(2) $\cdots-\underset{O}{\overset{||}{C}}-(CH_2)_5-NH-\cdots$

(3) $\cdots-CH_2-\underset{\overset{|}{CN}}{CH}-\cdots$

(4) $\cdots-\underset{O}{\overset{||}{C}}-(CH_2)_4-\underset{O}{\overset{||}{C}}-NH-(CH_2)_6-NH-\cdots$

(1) _____

(2) _____

(3) _____

(4) _____

知識

260. 繊維の特徴●次の(1)～(5)の各記述にあてはまる繊維を下から選び，記号で記せ。

(1) アミド結合を多数もつ合成繊維で，摩擦に強く，弾力性に富むが，熱には弱い。

(2) エステル結合を多数もつ合成繊維で，摩擦や熱に強いが，帯電しやすい。

(3) ヒドロキシ基の一部が残る合成繊維で，適度な吸湿性をもつ。強度が大きい。

(4) 付加重合によって合成される繊維で，羊毛に似て，軽くてやわらかい。

(5) 縮合重合によって合成される繊維で，強度が大きく，耐熱性にすぐれる。分子内にベンゼン環をもつ。

(ア) アクリル繊維　　(イ) アラミド繊維　　(ウ) ビニロン
(エ) ポリエチレンテレフタラート　　(オ) ナイロン66

(1) _____

(2) _____

(3) _____

(4) _____

(5) _____

━━━━━━［標｜準｜問｜題］━━━━━━

思考

261. ナイロンの合成◆ヘキサメチレンジアミン $H_2N-(CH_2)_6-NH_2$ を NaOH 水溶液に溶かした溶液Aと，アジピン酸ジクロリド $ClOC-(CH_2)_4-COCl$ をヘキサンに溶かした溶液Bを調製し，両者を2層になるようにビーカーに入れると，両液が接触した界面に膜状のナイロンが生成した。

(1) このナイロンが生成する反応を，化学反応式で表せ。

_____

(2) このナイロンの名称を記せ。

(3) この実験における NaOH の役割を次から選べ。

(ア) 溶液の pH を調整する。　　(イ) 触媒となる。
(ウ) アジピン酸を中和する。　　(エ) 反応で生じる塩化水素を中和する。

ピンセット

ナイロン

溶液B
界面
溶液A

(2) _____

(3) _____

20 | 合成樹脂とゴム

1 合成樹脂

❶熱可塑性樹脂

付加重合で生成するものが多い。直鎖状の分子構造をもつ合成高分子からなる固体であり、加熱によってやわらかくなる性質（(^{ア}　　　　)性）をもつ。

$$n\ CH_2{=}CH_{} \xrightarrow{\ 付加重合\ } \left[CH_2{-}CH \right]_n$$
（X は単量体・重合体の置換基 X）

合成樹脂	略号	単量体	特性	用途
(^{イ}　　　　)❶	PE	$CH_2{=}CH_2$	透明で、薬品に強い	包装材、容器
(^{ウ}　　　　)	PP	$CH_2{=}CHCH_3$	熱に強い	繊維、容器
(^{エ}　　　　)	PS	$CH_2{=}CHC_6H_5$	透明で、かたい	台所用品、梱包材
(^{オ}　　　　)	PVC	$CH_2{=}CHCl$	耐水性、薬品に強い	パイプ、建材
塩化ビニル・塩化ビニリデン共重合体	—	$CH_2{=}CHCl$ $CH_2{=}CCl_2$	熱や摩擦、薬品に強い	漁網 食品用ラップ
(^{カ}　　　　)	PVAc	$CH_2{=}CHOCOCH_3$	融点が低い	塗料、接着剤
ポリメタクリル酸メチル	PMMA	$CH_2{=}C(CH_3)COOCH_3$	透明度が高い	ガラス、透明板

❶ ポリエチレンには、高密度ポリエチレン(HDPE)と低密度ポリエチレン(LDPE)がある。高密度ポリエチレンは、塩化チタン(IV)を中心とするチーグラー・ナッタ触媒を用いて合成される。

注　ポリテトラフルオロエチレン $\left[CF_2{-}CF_2 \right]_n$ のようなフッ素樹脂などもある。

❷熱硬化性樹脂

単量体が付加と縮合を繰り返す(^{キ}　　　　)で生成するものが多い。立体網目状の分子構造をもつ合成高分子で、加熱によって重合がさらに進行し、硬化する性質（(^{ク}　　　　)性）をもつ。

合成樹脂	単量体	重合体	特性	用途
(^{ケ}　　　　)樹脂	C_6H_5OH HCHO		かたくて、電気絶縁性がよい	配電盤 ソケット
尿素樹脂 (ユリア樹脂)	$CO(NH_2)_2$ HCHO		接着力にすぐれ、着色しやすい	合板の接着剤 成形品
メラミン樹脂	$C_3N_3(NH_2)_3$ HCHO		耐久性・耐熱性にすぐれ、高い強度をもつ	化粧板、塗料 木材の接着剤

このほか、熱硬化性樹脂にはエポキシ樹脂、アルキド樹脂、シリコーン樹脂などがある。尿素樹脂やメラミン樹脂などはアミノ樹脂と総称される。

❸処理

合成樹脂の廃棄にはさまざまな社会的な課題があり、リサイクル技術や自然界で分解されやすいポリ乳酸などの(^{コ}　　　　)樹脂(生分解性プラスチック)が研究されている。

$$\left[O{-}\overset{\overset{\displaystyle CH_3}{|}}{\underset{\underset{\displaystyle H}{|}}{C}}{-}\overset{\overset{\displaystyle O}{\|}}{C} \right]_n$$
ポリ乳酸

解答

(ア) 熱可塑　(イ) ポリエチレン　(ウ) ポリプロピレン　(エ) ポリスチレン　(オ) ポリ塩化ビニル　(カ) ポリ酢酸ビニル
(キ) 付加縮合　(ク) 熱硬化　(ケ) フェノール　(コ) 生分解性

2 機能性高分子化合物

❶イオン交換樹脂　スチレンと *p*-ジビニルベンゼンの共重合体に適当な官能基を導入させた合成樹脂。

(a)　(ᵗ　　　　)イオン交換樹脂

スルホ基やカルボキシ基をもち，陽イオンを交換する。

$$\text{〜}\langle\bigcirc\rangle\text{-SO}_3^- \ \boxed{\text{H}^+} + \text{Na}^+$$
$$\downarrow$$
$$\text{〜}\langle\bigcirc\rangle\text{-SO}_3^- \ \boxed{\text{Na}^+} + \text{H}^+$$

(b)　(ˢ　　　　)イオン交換樹脂

トリメチルアンモニウム基をもち，陰イオンを交換する。

$$\text{〜}\langle\bigcirc\rangle\text{-CH}_2\text{N}^+(\text{CH}_3)_3 \ \boxed{\text{OH}^-} + \text{Cl}^-$$
$$\downarrow$$
$$\text{〜}\langle\bigcirc\rangle\text{-CH}_2\text{N}^+(\text{CH}_3)_3 \ \boxed{\text{Cl}^-} + \text{OH}^-$$

❷高吸水性樹脂

ポリアクリル酸ナトリウム $\text{-[CH}_2\text{-CH(COONa)]}_n$ は，水に溶解せず，多量の水を吸収してふくらむ。紙おむつ，生理用品，土壌保水剤などに利用。

3 合成ゴム

❶生ゴム（天然ゴム）

ゴムノキの樹液（ラテックス）に酢酸などを加えて得られる(ˢ　　　　)CH₂=C(CH₃)CH=CH₂ が重合した構造をもち，イソプレン単位ごとに1個のシス形の(ˢ　　　　)結合がある。乾留によってイソプレンを生じる。

❷ゴムの弾性

引き伸ばされたシス形のゴムが，分子の熱運動によってもとの丸まった状態に戻ることにより，弾性が生じる。

❸加硫

ゴムと硫黄を反応させ，ゴム分子間に(ˢ　　　　)原子で橋かけ（架橋）させ，弾性のあるゴムをつくる操作。

生ゴムの分子
加硫された生ゴム

❹合成ゴム　付加重合や共重合によって合成される。

合成ゴム	原料（単量体）	重合体	用途
(ᵗ　　　　)ゴム IR	CH₃ CH₂=C-CH=CH₂	$\begin{bmatrix}&&\text{CH}_3&&\\-\text{CH}_2-&\text{C}&=\text{CH}-\text{CH}_2-\end{bmatrix}_n$	タイヤ，防振ゴム
(ᵗ　　　　)ゴム BR	CH₂=CHCH=CH₂	$\text{-[CH}_2\text{-CH=CH-CH}_2\text{]}_n$	タイヤ
(ˢ　　　　)ゴム CR	CH₂=CCICH=CH₂	$\text{-[CH}_2\text{-CCl=CH-CH}_2\text{]}_n$	コンベアーベルト
(ᵗ　　　　)ゴム SBR	CH₂=CHCH=CH₂ CH₂=CHC₆H₅	···-CH₂-CH=CH-CH₂-CH₂-CH-··· $\langle\bigcirc\rangle$	タイヤ，くつ底
アクリロニトリルブタジエンゴム NBR	CH₂=CHCH=CH₂ CH₂=CHCN	···-CH₂-CH=CH-CH₂-CH₂-CH-··· CN	ホース，パッキング
シリコーンゴム❶	(CH₃)₂SiCl₂（ジクロロジメチルシラン） H₂O	CH₃　CH₃　CH₃　CH₃ ···-O-Si-O-Si-O-Si-O-Si-··· CH₃　CH₂　CH₃　CH₃	医療用チューブ

❶シリコーンゴムには炭素原子間の二重結合C=Cがなく，酸化されにくい。

解答
(サ) 陽　(シ) 陰　(ス) イソプレン　(セ) 二重　(ソ) 硫黄　(タ) イソプレン　(チ) ブタジエン　(ツ) クロロプレン
(テ) スチレンブタジエン

262. 知識 **合成樹脂の構造** 次の(a)〜(e)は，合成樹脂の構造の一部を示したものである。それぞれの名称を下の①〜⑤から選び，原料となる単量体の化学式をすべて記せ。

(a)

(b) $-CH-CH_2-CH-CH_2-$ （ベンゼン環2つ）

(c) $\left[CH_2-C(CH_3) \atop \qquad COOCH_3 \right]_n$　　(d) $\left[CH_2-CH_2 \right]_n$

(e) $\left[CH_2-CHCl \right]_n$

① ポリ塩化ビニル　② ポリエチレン
③ フェノール樹脂　④ ポリメタクリル酸メチル
⑤ ポリスチレン

(a) ＿＿＿＿＿＿＿＿＿＿＿＿
(b) ＿＿＿＿＿＿＿＿＿＿＿＿
(c) ＿＿＿＿＿＿＿＿＿＿＿＿
(d) ＿＿＿＿＿＿＿＿＿＿＿＿
(e) ＿＿＿＿＿＿＿＿＿＿＿＿

263. 知識 **合成樹脂の性質と用途** 次の合成樹脂について，下の各問いに答えよ。

(a) ポリエチレン　　　(b) フェノール樹脂
(c) 尿素樹脂　　　　　(d) ポリ塩化ビニル
(e) ポリメタクリル酸メチル　(f) ポリ酢酸ビニル

(1) 熱可塑性樹脂をすべて選べ。
(2) 次の(ア)〜(エ)にあてはまるものを，それぞれ1つずつ選べ。
(ア) かたくて電気絶縁性がよいので，ソケットに用いられている。
(イ) 透明度が高いので，有機ガラスとして用いられている。
(ウ) 透明な袋や容器などに最もよく用いられる。
(エ) 銅線につけて炎に入れると，青緑色の炎がみられる。

(1) ＿＿＿＿＿＿＿＿＿
(2)(ア) ＿＿＿＿＿＿＿
(イ) ＿＿＿＿＿＿＿＿
(ウ) ＿＿＿＿＿＿＿＿
(エ) ＿＿＿＿＿＿＿＿

264. 知識 **機能性高分子1** 次の文中の(　)に適切な語句を記入せよ。

スチレンと少量の(　ア　)を(　イ　)重合させると，架橋構造をもつ合成樹脂Aができ，これを濃硫酸で(　ウ　)化すると，(　エ　)交換樹脂が得られる。この樹脂をカラムにつめて塩化ナトリウム水溶液を流すと，流出液は(　オ　)性を示す。使用後は，濃塩酸を流すことで再生させることができる。
また，合成樹脂Aにトリメチルアンモニウム基$-CH_2-N^+(CH_3)_3OH$を導入したものは(　カ　)交換樹脂とよばれる。(エ)交換樹脂と(カ)交換樹脂にイオンを含む水溶液を連続して通すことで，イオン交換水(脱イオン水)を得ることができる。

(ア) ＿＿＿＿＿＿＿＿
(イ) ＿＿＿＿＿＿＿＿
(ウ) ＿＿＿＿＿＿＿＿
(エ) ＿＿＿＿＿＿＿＿
(オ) ＿＿＿＿＿＿＿＿
(カ) ＿＿＿＿＿＿＿＿

265. [知識] **機能性高分子2** ●次の空欄(ア), (イ)に適切な語句を入れ, 下の問いに
答えよ。

　アクリル酸メチル(CH_2＝CH－$COOCH_3$)を(　ア　)重合して得られたポ
リアクリル酸メチルを水酸化ナトリウムでけん化すると<u>ポリアクリル酸ナト
リウム</u>が得られる。ポリアクリル酸ナトリウムが架橋された立体網目状構造
の樹脂は, 自重の10〜1000倍の質量の水を吸収・保持することができ,
(　イ　)樹脂として, 紙おむつなどの衛生用品や土壌保水材などに用いられ
ている。

(問)　重合度をnとして, 下線部の物質の構造式を記せ。

(ア)

(イ)

(問)

266. [知識] **機能性高分子3** ●次の文を読み, 下の各問いに答えよ。

　合成高分子による自然環境の汚染などが問題となっているので, <u>ポリ乳酸
のように自然界で分解されやすい合成高分子</u>が研究されるようになった。

(1)　重合度をnとして, 乳酸 $CH_3CH(OH)COOH$ を縮合重合させた構造の
ポリ乳酸の構造式を記せ。

(2)　下線部のような合成高分子は, 何とよばれるか。

(1)

(2)

267. [思考] **ゴム** ●次の文中の(　)に適切な語句を記入し, 下の各問いに答えよ。

　ゴムはゴムノキの樹液から得られる天然ゴムと, 人工的につくり出された
合成ゴムに大別される。天然ゴムは, イソプレン CH_2＝$C(CH_3)CH$＝CH_2
が付加重合した(　ア　)形の構造をもつ (a)<u>ポリイソプレン</u>である。合成ゴム
としては, 1,3-ブタジエンを付加重合させて得られる (b)<u>ブタジエンゴム</u>や,
クロロプレン(イソプレンのメチル基が塩素原子に置き換わった分子)から得
られる (c)<u>クロロプレンゴム</u>, スチレンとブタジエンを(　イ　)重合して得ら
れる (d)<u>スチレンブタジエンゴム</u>などが挙げられる。

(1)　下線部(a)〜(c)の構造式を記せ。重合度はnとする。

(a)　　　　　　　　　　　(b)　　　　　　　　　　　(c)

(2)　ゴムに5〜8％の硫黄を加えて, 140℃に加熱する処理を何というか。

(3)　次の合成ゴムの原料となっている単量体の名称をすべて記せ。

　　　…－CH_2－CH＝CH－CH_2－CH_2－$CH(CN)$－…

(4)　下線部(d)について, 物質量比1:1のスチレン(分子量104)とブタジエ
ン(分子量54)からなる, 15.8gのスチレンブタジエンゴムに付加する臭素
Br_2(分子量160)は何gか。ただし, 臭素はブタジエン構造中の C＝C との
み反応するものとする。

(2)

(3)

(4)

268. [知識] **さまざまな高分子化合物**●次の記述のうちから，誤りを含むものを1つ選べ。

（ア）　フェノール樹脂は，加熱すると分子間に立体網目状の結合が生成して硬化する熱硬化性樹脂であり，電気絶縁性にすぐれ，電気部品などに使用されている。

（イ）　ポリアクリル酸ナトリウムに適当な架橋剤を加えて網目状にした高分子化合物は，吸水性が大きく，紙おむつなどに利用されている。

（ウ）　生ゴム（天然ゴム）中のイソプレン単位にある二重結合はトランス形なので，分子鎖が折れ曲がり，ゴム弾性が生じる。

（エ）　スチレンとブタジエンを共重合させて生じるゴムは，自動車のタイヤなどに用いられている。

（オ）　シリコーンゴムには炭素原子間の二重結合がなく，酸素によって酸化されにくい。

━━━━━━━━━━━━━━━━ ［標｜準｜問｜題］ ━━━━━━━━━━━━━━━━

269. [思考] **イオン交換樹脂**◆ポリスチレンにスルホ基が結合した化合物は，イオン交換樹脂Aとして利用されるが，もう1つのイオン交換樹脂Bと組み合わせることによって，イオンを含む水溶液を純粋な水にすることができる。たとえば，硝酸カリウム水溶液をAとBに接触させると，次のように変化して純粋な水が得られる。

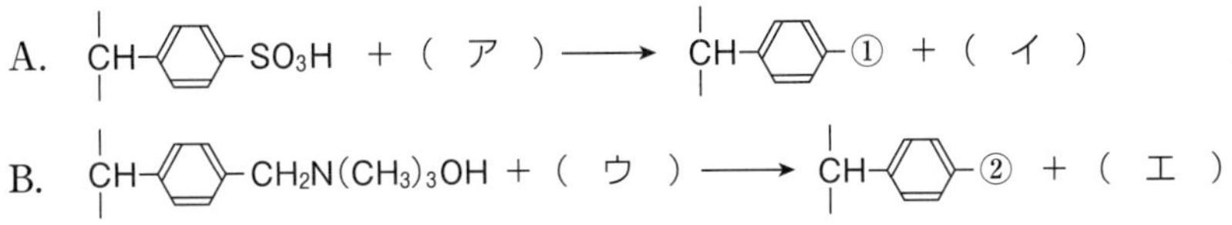

A.　CH–⟨⟩–SO₃H　+　（　ア　）　⟶　CH–⟨⟩–①　+　（　イ　）

B.　CH–⟨⟩–CH₂N(CH₃)₃OH　+　（　ウ　）　⟶　CH–⟨⟩–②　+　（　エ　）

　　（　イ　）　+　（　エ　）　⟶　H₂O

イオン交換は完全に行われるものとして，次の各問いに答えよ。

(1)　（ア）〜（エ）には化学式を，①および②には適当な構造を入れよ。

(2)　硝酸カリウム水溶液の濃度を知るために，その 10 mL をとり，イオン交換樹脂Aをつめた円筒を通過させた。次に，樹脂を十分に水で洗い，流出液と水洗液を合わせて，0.010 mol/L の水酸化ナトリウム水溶液で滴定したところ，15 mL を要した。この硝酸カリウム水溶液のモル濃度はいくらか。

(1)（ア）＿＿＿＿＿

　　（イ）＿＿＿＿＿

　　（ウ）＿＿＿＿＿

　　（エ）＿＿＿＿＿

　　①＿＿＿＿＿

　　②＿＿＿＿＿

(2)＿＿＿＿＿

21 糖類◆天然に存在する有機化合物の構造に関連する記述として**誤りを含むもの**を，次の①～⑤のうちから1つ選べ。

① グリコーゲンは，多数のグルコースが縮合した構造をもつ。

② グルコースは，水溶液中で環状構造と鎖状構造の平衡状態にある。

③ アミロースは，アミロペクチンより枝分かれが多い構造をもつ。

④ DNA の糖部分は，RNA の糖部分とは異なる構造をもつ。

⑤ 核酸は，窒素を含む環状構造の塩基をもつ。

22 二糖◆次の記述（a・b）のいずれにもあてはまる化合物を，下の①～④のうちから1つ選べ。

a 左側の単糖部分（灰色部分）がα-グルコース構造（α-グルコース単位）であるもの

b 水溶液にアンモニア性硝酸銀水溶液を加えてあたためると，銀が析出するもの

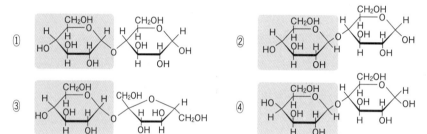

23 アミノ酸◆不斉炭素原子をもち，塩基性アミノ酸と酸性アミノ酸のいずれにも分類されないアミノ酸（中性アミノ酸）を，次の①～⑤のうちから1つ選べ。

① H_2N-CH_2-COOH 　② $H_2N-CH_2-CH_2-COOH$ 　③ $HO-CH_2-\underset{\underset{NH_2}{|}}{CH}-COOH$

④ $HOOC-CH_2-\underset{\underset{NH_2}{|}}{CH}-COOH$ 　⑤ $H_2N-(CH_2)_4-\underset{\underset{NH_2}{|}}{CH}-COOH$

24 タンパク質◆タンパク質に関する記述として**誤りを含むもの**を，次の①～⑥のうちから1つ選べ。

① 絹の主成分はタンパク質である。

② 二次構造は，水素結合によって安定に保たれている。

③ タンパク質の変性は，高次構造（立体構造）が変化することによる。

④ アミノ酸以外に糖を含むものがある。

⑤ 水溶性のタンパク質を水に溶かすとコロイド溶液になる。

⑥ ペプチド結合部分は，酸素－窒素（O－N）結合を含む。

25　ポリペプチド鎖の長さ◆分子量$2.56×10^4$のポリペプチドAは，アミノ酸B(分子量89)のみを脱水縮合して合成されたものである。図のようにAがらせん構造をとるとすると，Aのらせんの全長Lは何nmか。最も適当な数値を，下の①～⑥のうちから1つ選べ。ただし，らせんのひと巻きはアミノ酸の単位3.6個分であり，ひと巻きとひと巻きの間隔を0.54nm$(1$nm$=1×10^{-9}$m$)$とする。

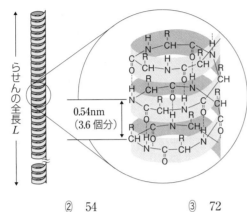

らせんの全長L

0.54nm
(3.6個分)

①　43　　　　　　　②　54　　　　　　　③　72
④　$1.6×10^2$　　　　⑤　$1.9×10^2$　　　　⑥　$2.6×10^2$

26　高分子の性質と用途◆高分子化合物に関する記述として下線部に**誤りを含むもの**を，次の①～⑤のうちから1つ選べ。

①　高密度ポリエチレンは低密度ポリエチレンより枝分かれが少なく，透明度が低い。

②　フェノール樹脂は，ベンゼン環の間をメチレン基$-CH_2-$で架橋した構造をもつ。

③　イオン交換樹脂がイオンを交換する反応は，可逆反応である。

④　二重結合の部分がシス形の構造をもつポリイソプレンは，トランス形の構造をもつものに比べて室温で硬く弾性に乏しい。

⑤　ポリ乳酸は，微生物によって分解される。

27　高分子の合成◆次の記述(**ア～ウ**)のいずれにも**あてはまらない**高分子化合物を，下の①～⑦のうちから1つ選べ。

ア　合成にHCHOを用いる。

イ　縮合重合で合成される。

ウ　窒素原子を含む。

①　尿素樹脂　　　　　　　　②　ビニロン

③　ナイロン66　　　　　　　④　ポリスチレン

⑤　フェノール樹脂　　　　　⑥　ポリエチレンテレフタラート(PET)

⑦　ポリアクリロニトリル

計算問題の解答

3. $5.5 \times 10^2 \, \text{kJ}$

6. (1) $760 \, \text{mm}$ (2) $B：60 \, \text{mmHg}$, $C：540 \, \text{mmHg}$

13. (1) $2.5 \, \text{L}$ (2) $2.0 \times 10^5 \, \text{Pa}$ (3) $16 \, \text{L}$ (4) $-73 \, \text{℃}$

14. (4) $V_0 = \dfrac{273V}{273+t}$

15. (1) $7.0 \times 10^4 \, \text{Pa}$ (2) $0.33 \, \text{L}$ (3) $2.4 \times 10^2 \, \text{K}$

16. (1) $0.60 \, \text{mol}$ (2) $3.3 \times 10^5 \, \text{Pa}$ (3) $2.5 \times 10^2 \, \text{mL}$
(4) 28

17. (1) 16 (2) （ア） (3) （オ） **19.** (2) 28

20. (1) $0.83 \, \text{g}$ (2) $1.0 \times 10^5 \, \text{Pa}$, $77 \, \text{℃}$ (3) 80

21. (1) $1.5 \times 10^5 \, \text{Pa}$ (2) $A \cdots 0.60$, $B \cdots 0.40$
(3) $A \cdots 9.0 \times 10^4 \, \text{Pa}$, $B \cdots 6.0 \times 10^4 \, \text{Pa}$

22. (1) $N_2：4.0 \times 10^4 \, \text{Pa}$, $O_2：3.0 \times 10^4 \, \text{Pa}$
(2) $7.0 \times 10^4 \, \text{Pa}$

23. (1) 29 (2) $1.7 \times 10^5 \, \text{Pa}$

24. (2) $1.4 \times 10^{-2} \, \text{mol}$ **26.** $\dfrac{P_4 V}{RT_3}$ [mol]

27. (2) $9.6 \times 10^5 \, \text{Pa}$

28. (1) $5.0 \times 10^4 \, \text{Pa}$ (2) $1.4 \times 10^5 \, \text{Pa}$
(3) $1.1 \times 10^{-2} \, \text{mol}$

33. (4) $0.18 \, \text{nm}$

36. (1) $\dfrac{\sqrt{3}}{4} a$ [cm] (2) $\dfrac{25\sqrt{3}\,\pi}{2}$ %

(3) $\dfrac{a^3 d}{2}$ [g] (4) $\dfrac{a^3 d N_A}{2}$ [g/mol]

37. (3) $\dfrac{\sqrt{3}}{4} a$ [cm]

39. (1) 23% (2) $46 \, \text{g}$ (3) $38 \, \text{g}$ (4) $91 \, \text{g}$

40. （イ）0.12 （ウ）5.4×10^{-3} （エ）0.45
（オ）0.12

41. (1) $7.0 \times 10^{-2} \, \text{g}$ (2) $2.4 \times 10^{-2} \, \text{g}$ (3) $9.8 \, \text{mL}$

42. (1) $100.17 \, \text{℃}$ (2) 2.6×10^2

43. (1) $4.5 \, \text{℃}$ (2) 1.8×10^2 (3) 1.8×10^2

44. (4) $-0.108 \, \text{℃}$

45. (2) $8.3 \times 10^4 \, \text{Pa}$

46. 7.0×10^4 **51.** $14 \, \text{g}$

52. (1) B (2) $100.078 \, \text{℃}$

53. (1) $5.0 \times 10^2 \, \text{Pa}$ (2) $5.2 \, \text{cm}$

57. (1) $3.9 \times 10^2 \, \text{kJ}$ (2) $8.96 \, \text{L}$ (3) $27.0 \, \text{g}$

58. (1) $30 \, \text{kJ}$ (2) $2.8 \, \text{kJ}$

59. (1) $1.4 \times 10^2 \, \text{m}^3$ (2) $2.9 \times 10^6 \, \text{kJ}$
(3) $1.4 \times 10^2 \, \text{kg}$

60. $13 \, \text{g}$

61. (1) $30 \, \text{℃}$ (2) $2.2 \, \text{kJ}$ (3) $-44 \, \text{kJ/mol}$

63. $+206$ **64.** (1) $2.4 \, \text{kJ}$ (2) $-240 \, \text{kJ/mol}$

65. (3) $-2219 \, \text{kJ/mol}$ **68.** $417 \, \text{kJ/mol}$

69. (3) $772 \, \text{kJ/mol}$

78. (1) $3.9 \times 10^3 \, \text{C}$ (2) $4.0 \times 10^{-2} \, \text{mol}$ (4) $4.3 \, \text{g}$
(5) $2.2 \times 10^2 \, \text{mL}$

79. (2) $5.79 \times 10^3 \, \text{C}$, $3.00 \, \text{A}$ (3) $1.92 \, \text{g}$

80. (2) $3.86 \times 10^4 \, \text{C}$ (3) 1.93×10^4 秒 (4) $3.60 \, \text{g}$

81. (1) $0.50 \, \text{mol}$ (2) （イ） (3) $2.8 \, \text{L}$

82. (3) $11 \, \text{L}$ (4) $40 \, \text{g}$

83. 問 $3.86 \times 10^3 \, \text{C}$ **84.** (3) $1.0 \times 10^3 \, \text{kg}$

85. (1) $3.2 \, \text{g}$ 増加 (2) 30%

86. (1) $900 \, \text{C}$ (2) $386 \, \text{C}$ (3) $89.5 \, \text{mL}$

87. (1) 2 倍 (2) $0.70 \, \text{mol/L}$
(3) $5.0 \times 10^{-3} \, \text{mol/(L·s)}$

88. (3) 27 倍 **91.** (2) 2.5 分

95. (2) $2.7 \times 10^{-2} \, \text{mol/(L·s)}$

96. (1) (a) 0.20 (b) 3.86 (c) 4.4×10^{-2}
(d) 4.4×10^{-2} (2) $4.4 \times 10^{-2}/\text{min}$

98. (1) $[H_2]：1.0 \times 10^{-3} \, \text{mol/L}$
$[I_2]：5.0 \times 10^{-3} \, \text{mol/L}$
$[HI]：1.8 \times 10^{-2} \, \text{mol/L}$ (3) 65

99. (1) 9.0 (2) $0.50 \, \text{mol}$

100. (1) $2n\alpha$ [mol] (2) $\dfrac{1-\alpha}{1+\alpha} P$ [Pa]

(3) $K = \dfrac{4n\alpha^2}{(1-\alpha)V}$ [mol/L]

104. (1) $-\log_{10} c\alpha$ (2) 2.77 (3) $-\log_{10} \dfrac{K_W}{c\alpha}$
(4) 11.11

105. (1) 4 (2) 3 (3) 2 (4) 12

106. (2) 2.0×10^{-2} (3) $1.4 \times 10^{-3} \, \text{mol/L}$ (4) 2.85

107. (1) $\sqrt{\dfrac{K_b}{c}}$ (2) $6.0 \times 10^{-3} \, \text{mol/L}$ (3) 11.78

110. （オ）1.8×10^{-5} **111.** 0.50

112. (1) $1.1 \times 10^{-4} \, \text{mol/L}$ (2) 2.5×10^{-7} 倍

113. 4.57 **114.** (1) $1.3 \times 10^{-3} \, \text{g}$

134. (5) $1 \, \text{mol}$

174. (4) 炭素原子：80.0%, 水素原子：20.0%

189. (1) ③ (2) ②

190. (1) C_5H_{10} **238.** (3) $34.2 \, \text{g}$

239. (2) $27 \, \text{g}$ **252.** 6.0

257. （カ）200 （キ）400

267. (4) $16.0 \, \text{g}$ **269.** (2) $0.015 \, \text{mol/L}$

新課程版 セミナーノート化学

2023年1月10日 初版 第1刷発行	編 者	第一学習社編集部
2025年1月10日 初版 第3刷発行	発行者	松本 洋介
	発行所	株式会社 第一学習社

広島：広島市西区横川新町7番14号	〒733-8521	☎ 082-234-6800
東京：東京都文京区本駒込5丁目16番7号	〒113-0021	☎ 03-5834-2530
大阪：吹田市広芝町8番24号	〒564-0052	☎ 06-6380-1391

札　幌 ☎ 011-811-1848	仙台 ☎ 022-271-5313	新　潟 ☎ 025-290-6077
つくば ☎ 029-853-1080	横浜 ☎ 045-953-6191	名古屋 ☎ 052-769-1339
神　戸 ☎ 078-937-0255	広島 ☎ 082-222-8565	福　岡 ☎ 092-771-1651

 訂正情報配信サイト 47263-03
利用に際しては，一般に，通信料が発生します。

https://dg-w.jp/f/264f5

47263-03

■落丁，乱丁本はおとりかえいたします。

ホームページ
https://www.daiichi-g.co.jp/

ISBN978-4-8040-4726-3

表紙写真提供先：Bim／Andrew Brookes／Getty Images

重要事項のまとめ

原子	● 原子の表記　質量数＝陽子の数＋中性子の数→ $^{12}_{6}\text{C}$ 　　　　　　　原子番号＝陽子の数＝電子の数→ $^{12}_{6}\text{C}$ ● 同位体　　原子番号が同じで質量数(中性子の数)の異なる原子どうし ● 原子の大きさ　約 $1 \times 10^{-10} \sim 5 \times 10^{-10}$ m(原子核の大きさ…約 1×10^{-15} m) ● 電子殻　　　　　　　K殻　L殻　M殻　N殻　…… 　　(最大収容電子数)　2個　8個　18個　32個　……　$2n^2$
結晶	● 結晶の種類　　金属結晶, イオン結晶, 分子結晶, 共有結合の結晶 ● 金属結晶　　　体心立方格子, 面心立方格子,* 六方最密構造*　*は最密充填構造 ● 単位格子中に含まれる粒子の数　単位格子の中心:1個, 面の中心: $\frac{1}{2}$ 個, 辺の中心: $\frac{1}{4}$ 個 　　　　　　　　単位格子の頂点: $\frac{1}{8}$ 個 ● イオン結晶　　　　　　　　陽イオンの数　陰イオンの数　配位数 　　塩化ナトリウム型　　　4個　　　　　　4個　　　　　6 　　塩化セシウム型　　　　1個　　　　　　1個　　　　　8
状態変化	● 三態変化の名称　固体→液体:融解　　液体→気体:蒸発　　固体→気体:昇華 　　　　　　　　　気体→液体:凝縮　　液体→固体:凝固　　気体→固体:凝華
物質量	● 元素の原子量　各同位体の相対質量と天然存在比から求めた平均値。$^{12}_{6}\text{C}$ が基準 ● 1 mol＝N_A〔個〕＝M〔g〕　　　　　　N_A＝6.0×10^{23}/mol:アボガドロ定数 　　　　＝22.4L(0℃, 1.013×10^5 Pa)　　M:モル質量〔g/mol〕　n:物質量〔mol〕 $n = \dfrac{N}{N_A} = \dfrac{w}{M} = \dfrac{V_0}{22.4\text{L/mol}}$　　　N:粒子数〔個〕　　w:質量〔g〕 　　　　　　　　　　　　　　　　　　V_0:気体の体積〔L〕
濃度	● 質量パーセント濃度　P〔%〕＝$\dfrac{溶質の質量〔g〕}{溶液の質量〔g〕} \times 100 = \dfrac{溶質の質量〔g〕}{溶質の質量〔g〕＋溶媒の質量〔g〕} \times 100$ ● モル濃度　c〔mol/L〕＝$\dfrac{溶質の物質量〔mol〕}{溶液の体積〔L〕} = \dfrac{溶質の物質量〔mol〕}{溶液の体積〔mL〕/1000}$ ● 質量モル濃度　m〔mol/kg〕＝$\dfrac{溶質の物質量〔mol〕}{溶媒の質量〔kg〕}$
酸・塩基	● 中和　$a \times c \times V = a' \times c' \times V'$　　a, a':酸, 塩基の価数 　　　　　　　　　　　　　　　　　　c, c':酸, 塩基のモル濃度〔mol/L〕 　　　　　　　　　　　　　　　　　　V, V':酸, 塩基の水溶液の体積〔L〕 ● 水のイオン積　　K_W＝[H$^+$][OH$^-$]＝1.0×10^{-14}(mol/L)^2　(25℃) ● 水素イオン指数　pH＝$-\log_{10}$[H$^+$], pOH＝$-\log_{10}$[OH$^-$], pH＋pOH＝14 ● 正塩の水溶液の性質　(強酸＋強塩基)の塩 ── 中性　　　　　酸性塩:NaHSO$_4$ ── 酸性 　　　　　　　　　(強酸＋弱塩基)の塩 ── 酸性(加水分解)　　　　　NaHCO$_3$ ── 塩基性 　　　　　　　　　(弱酸＋強塩基)の塩 ── 塩基性(加水分解)
熱化学	● 反応エンタルピー　注目する物質1 mol あたりのエンタルピー変化で表す。 　　　　　　　　　燃焼エンタルピー・生成エンタルピー・中和エンタルピー・溶解エンタルピー 　　　　　　　　　(状態変化)　融解エンタルピー・蒸発エンタルピー ● ヘスの法則　反応の経路にかかわらず, 全体のエンタルピー変化は一定 ● 結合エネルギー　6.0×10^{23} 個の共有結合の切断に必要なエネルギー 　　反応エンタルピー＝生成物の結合エネルギーの総和－反応物の結合エネルギーの総和